LES VEILLÉES

DE

JEAN RUSTIQUE.

LES VEILLÉES

de

JEAN RUSTIQUE

SIMPLES ENTRETIENS

SUR LES ANIMAUX UTILES ET LES ANIMAUX NUISIBLES

Par J. PIZZETTA

AUTEUR

du Dictionnaire populaire d'histoire naturelle

Mammifères. — Oiseaux. — Reptiles
Poissons. — Insectes

PARIS,

LIBRAIRIE DE PAUL DUPONT,

Rue de Grenelle-Saint-Honoré, 45.

1863

LES VEILLÉES

DE

JEAN RUSTIQUE

SIMPLES ENTRETIENS

SUR LES ANIMAUX UTILES ET LES ANIMAUX NUISIBLES

Par J. PIZZETTA

Auteur du *Dictionnaire populaire d'histoire naturelle*.

Mammifères — Oiseaux — Reptiles
Poissons — Insectes

PARIS

LIBRAIRIE CLASSIQUE DE PAUL DUPONT
Rue de Grenelle-Saint-Honoré, 45.

1863

PRÉFACE.

L'histoire naturelle est sans contredit la plus utile comme la plus attrayante des sciences ; aucune ne fournit plus d'applications aux arts, à l'économie domestique, à notre propre bien-être, et l'on peut dire qu'il n'est pas une branche de l'industrie qui ne tire parti de l'étude de la nature. Tous les esprits éclairés sont aujourd'hui convaincus que, pour être féconde, la science doit être pratique, c'est-à-dire capable de créer pour la société des ressources, des forces et des richesses nouvelles. C'est surtout en nous enseignant les moyens de soumettre, de multiplier, de perfectionner les espèces et les races ; c'est en donnant à l'agriculture des secours plus puissants, au commerce des productions plus nombreuses et plus belles, aux nations populeuses des moyens de subsistance plus agréables, plus salubres, plus abondants, que l'histoire naturelle mérite d'occuper le premier rang parmi les sciences utiles à l'humanité.

Plein de respect et d'admiration pour ces nobles esprits dont les travaux ont eu pour but de diriger les forces de la science vers l'accroissement du bonheur des populations, mais pensant que leurs savants écrits n'étaient pas toujours accessibles à toutes les intelligences, j'ai voulu tenter de vulgariser leurs idées, et j'ai publié ce petit livre; c'est tout simplement une suite de récits populaires sur les mœurs et les instincts des animaux qui, par leurs qualités utiles ou par leurs habitudes nuisibles, intéressent directement l'homme. J'ai fait précéder ce petit traité d'histoire naturelle pratique d'un aperçu des lois de la nature, lois immuables qui font si bien éclater la sagesse et la puissance de celui qui les a établies. Quelques pages viennent ensuite où je fais appel aux bons sentiments de l'homme, m'efforçant de prouver que si le Créateur nous a donné des droits sur les animaux, il nous a également imposé certains devoirs envers eux : ceux que nous commandent l'humanité et notre propre intérêt, la douceur et la satisfaction de leurs besoins. J'ai voulu montrer jusqu'où s'étend pour nous la libéralité de la nature, et inviter ceux qui bientôt seront des hommes à profiter des conquêtes qu'elle leur réserve encore et à user avec discrétion de toutes les richesses qu'elle leur offre. J'ai cru pouvoir ainsi apporter ma petite pierre au merveilleux édifice de la civilisation, heureux si ces quelques pages, écrites pour ceux qui ne savent pas, peuvent leur inspirer le désir de s'instruire et de puiser de plus hautes leçons dans les ouvrages des maîtres de la science.

LES VEILLÉES

DE

JEAN RUSTIQUE.

SIMPLES ENTRETIENS

SUR LES

ANIMAUX UTILES ET LES ANIMAUX NUISIBLES

Il y a de cela vingt ans, j'étais à peine sorti du collége depuis une année, et je me préparais à faire mon droit, lorsque j'eus le malheur de perdre mon père.

C'était un mois environ avant les vacances, et, mon examen de fin d'année passé, j'allai embrasser ma mère et ma sœur, qui habitaient à quarante lieues de Paris.

Après quelques jours passés à confondre ensemble nos larmes et nos regrets, je me préparai à partir pour la Normandie, où m'appelait instamment mon oncle Jean Rustique, frère de ma mère.

Je ne connaissais pas encore cet excellent parent, qui vivait très-retiré dans un petit village situé au fond de la vallée de Fécamp, où il faisait valoir son bien.

J'éprouvais, je l'avoue, peu de sympathie pour cet oncle campagnard, que je me représentais conduisant sa charrue et aiguillonnant ses bœufs comme un vrai paysan.

Ainsi que la plupart des Parisiens de mon âge, je ne connaissais de l'agriculture que ce que j'en avais appris en traduisant les Géorgiques de Virgile, magnifique poëme,

1

où, par parenthèse, j'avais puisé quelques idées assez fausses. Quant à la pratique, j'étais incapable de distinguer l'orge du blé, ou le seigle de l'avoine.

Je partis donc, mettant à profit ma visite à mon oncle pour voir la Normandie tout à l'aise, et je voyageai par conséquent à petites journées et le sac sur le dos. J'avais deux grands mois devant moi et rien ne me pressait.

Je passe sur mes impressions de voyage jusqu'au moment où j'atteignis les hauteurs qui dominent la belle vallée de Fécamp. Rien n'est plus enchanteur que le point de vue dont on jouit de cet endroit. Là se développaient à ma droite quelques belles fabriques entourées de riants jardins; à mes pieds, une verte vallée creusée avec grâce entre de jolis coteaux boisés; au fond, des cultures fertiles ou d'agréables ombrages; et çà et là de jolis villages surmontés de leurs longs clochers blancs.

C'était un ravissant tableau, mais je me tenais en garde contre cet effet de mirage; la plupart des villages que j'avais vus n'étaient réellement beaux qu'à distance, et dans les trompeuses perspectives d'un calme et gracieux paysage; vus de près, ce n'était le plus souvent qu'un amas de maisons tristes et délabrées.

Tout en faisant ces réflexions, je descendais le versant du coteau par un petit sentier en pente douce, bordé de chaque côté d'une haie naturelle de tanaisies et d'armoises aux ombelles dorées, parmi lesquelles bruissaient des milliers d'insectes dont les couleurs scintillaient au soleil.

Arrivé au fond du vallon, je demandai le village de mon oncle à un paysan qui m'indiqua du doigt un petit clocher, dont le coq doré s'élevait dans le lointain au-dessus d'un bouquet d'arbres.

— Et c'est un joli village, par ma foi, dit le paysan, un vrai paradis !

Un quart d'heure de marche le long des bords fleuris

d'un petit ruisseau qui serpentait à travers d'immenses prairies me conduisit en vue des premières maisons du village.

Je fus frappé dès l'abord de l'air de propreté et de gaieté qu'offraient ces maisons inondées de soleil et de lumière. Ce n'étaient plus ces cabanes couvertes en chaume, où l'espace, l'air et la lumière semblent avoir été marchandés par une main parcimonieuse et inintelligente. Ici s'élevaient de jolies maisons, d'une exquise propreté et d'une certaine élégance rustique, dont les murs, construits en petites pierres carrées alternativement blanches et noires, figuraient un damier. On n'y voyait point de ces fumiers infects amoncelés devant les portes, point de ces mares bourbeuses qui affectent si désagréablement la vue et l'odorat. Ici tout est propre, tout est gai, tout est soigné, tout, jusqu'aux enfants qui jouent devant les portes. C'est un véritable village d'opéra.

J'avisai un petit garçon assis sur le seuil d'une porte, et lui demandai la maison de Monsieur Jean Rustique.

— Ah ! la maison de maître Rustique ? dit-il en se levant, tenez, c'est là-bas derrière la fontaine.

— Merci, mon petit homme. Et, me dirigeant de ce côté, j'arrivai en face d'une jolie maison qui faisait scintiller au soleil ses mille cases blanches et noires.

Sur le devant était un petit jardin dont la porte était entr'ouverte ; je la poussai et j'entrai, non sans regarder si quelque chien ne viendrait pas me faire une rude réception ; mais il n'en fut rien, et je pus admirer à mon aise la propreté du jardin et la vigueur de ses produits. De beaux arbres fruitiers ombrageaient la demeure, et, de chaque côté de la porte, formant un gracieux encadrement, grimpaient deux rosiers feuillus couverts de petites roses mousseuses. Sur les côtés s'étendaient deux larges plates-bandes couvertes de fleurs, au milieu desquelles butinaient en bourdonnant des milliers d'abeilles, dont on apercevait les ruches au fond du jardin. C'était vraiment un charmant séjour si l'intérieur répondait au dehors.

Cependant je regardais de tous côtés, et, ne voyant personne, je me décidai à franchir le seuil.

Le dedans répondait bien à l'extérieur ; des meubles en petit nombre, mais de bon goût quoique fort simples, garnissaient une grande chambre proprement carrelée. A gauche était la maie polie et brillante destinée à recevoir le pain et à pétrir la farine ; à droite, un beau dressoir, tout resplendissant de vaisselle, qui disait par son exquise propreté le goût, le soin et l'activité de la ménagère, et sur le dernier rayon duquel trônaient trois grands gobelets d'argent, si beaux, si brillants, que le vin devait y paraître meilleur. Puis, dans un autre coin, près de la fenêtre, une table en chêne portant des papiers, une écritoire en bronze, et, au dessus de la table, une étagère sur les rayons de laquelle étaient rangés quelques registres et une quarantaine de volumes.

Aux murs fraîchement blanchis à la chaux pendaient, dans de simples cadres de sapin vernis, quelques-unes de ces jolies gravures anglaises coloriées, représentant des scènes de la vie des champs. Tout cela était d'une propreté telle, qu'on se fut cru transporté chez un riche *farmer* anglais, ou chez quelque gros *bauer* hollandais.

Je m'étais assis sans façon dans un grand fauteuil de canne, et, le dos tourné à la porte, j'examinais d'un œil curieux les détails de l'ameublement.

— Mais je passerais volontiers ma vie chez l'oncle Rustique, m'écriai-je, sous l'impression du plaisir et du bien-être que je ressentais.

— Si le cœur vous en dit, mon cousin, répondit en riant une voix jeune et fraîche.

Je me levai précipitamment, et, me retournant, je me

trouvai en face d'une jeune fille vêtue en paysanne, mais avec une certaine coquetterie, et d'une propreté exquise. On ne pouvait rien dire de ses traits, si ce n'est qu'ils reflétaient le jugement et la bonté; et, bien qu'elle ne fût pas jolie, sa figure plaisait à première vue.

— Mademoiselle, je vous demande pardon, lui dis-je en balbutiant, mais.....

— Pardon de quoi, mon cousin? dit-elle en riant, car je pense que vous êtes mon cousin Victor que nous attendons, et, dans ce cas, vous êtes le bienvenu.

En disant ces paroles, elle me tendit la main d'un air si simple et si cordial, que je me sentis aussitôt à mon aise et lui pris la main que je serrai dans les miennes, en la remerciant avec effusion de cet accueil fraternel.

— Mais voilà mon père qui rentre, ajouta-t-elle, il sera enchanté de vous voir.

Comme ma cousine disait ces mots, je vis entrer, en effet, un grand vieillard droit et maigre, mais dont les traits encadrés de longs cheveux blancs respiraient, comme ceux de sa fille, l'intelligence et la bonté; le ruban rouge était attaché à sa boutonnière.

Il vint droit à moi en me tendant la main :

— Soyez le bienvenu, mon neveu; car je vous reconnais, vous ressemblez à votre mère. Comment se porte-t-elle, ma bonne sœur?

Puis s'adressant à sa fille :

— Jeanne, fais-nous déjeuner, mon enfant, ton cousin doit avoir faim, car l'exercice ouvre l'appétit.

Ensuite il me demanda avec sollicitude des nouvelles de ma mère et de ma sœur, déplora la perte de mon père, qu'il avait d'ailleurs peu connu, et finit par me dire que, bien qu'il ne fût pas riche, tout ce qu'il possédait était au service de sa sœur et de sa nièce.

Ces manières pleines de bienveillance et de franchise

m'allèrent au cœur, et je ressentis bientôt pour mon oncle et pour ma cousine autant d'affection que si je les avais connus depuis mon enfance.

Pendant ce temps, Jeanne, qui déployait une rare activité, avait dressé la table; la nappe, d'une blancheur éblouissante, était couverte d'un gros pain bien doré, d'un beurre fin, et de fruits d'une merveilleuse beauté. Quelques instants après, une grosse omelette au lard, qui charmait à la fois les yeux et l'odorat, complétait le service, et Jeanne mit sur la table une bouteille de vin et les trois beaux gobelets d'argent. Après que mon oncle eût dit le bénédicité, nous nous assîmes, et nous attaquâmes bravement ces simples mets que je trouvai délicieux.

La première faim apaisée, je manifestai à mon oncle l'étonnement et l'admiration que me causaient l'ordre et la propreté tout exceptionnels qui m'avaient frappé à mon arrivée dans son village.

— Ah oui, me dit-il en souriant d'un air de satisfaction, tous les villages ne ressemblent malheureusement pas au nôtre; mais cela viendra, espérons-le. Ce n'est point sans peine que nous avons fait de celui-ci ce qu'il est. Lorsque, déposant le fusil pour reprendre la charrue, je revins ici, il y a de cela vingt-cinq ans, c'était un foyer d'ignorance et de superstitions comme tous les autres villages. Ah, l'ignorance! c'est le pire de tous les maux qui accablent le paysan, c'est la plaie de nos campagnes.

Dès l'âge le plus tendre, l'enfant des campagnes passe ses premières années au milieu des bestiaux qui lui sont confiés; ce sont ses plus fidèles compagnons, et, dans leur commerce intime, il prend ces mœurs brutales, ce langage informe, que plus tard l'instituteur et le curé ont tant de peine à vaincre. Heureux encore quand le temps et l'espace lui permettent d'aborder ces deux sources du savoir villageois, car le service du troupeau ne permet que bien rarement l'école et le catéchisme, et il arrive à l'âge de raison dans une ignorance complète de presque toutes les choses divines et humaines. Aussi le villageois fait homme, lors-même qu'il a joui de cet enseignement, ne possède qu'un fantôme de savoir insuffisant pour lui, et souvent même plus nuisible qu'utile. Son esprit est obscurci par une foule de préjugés, et ses croyances religieuses se ressentent de son ignorance; il croit aux sorciers, aux revenants, aux bons et aux mauvais jours.

—Mais, mon oncle, hasardai-je timidement, quel besoin le paysan a-t-il de tant de connaissances pour conduire la charrue, ensemencer ses champs et élever son bétail? ne craignez-vous pas que, devenu savant, il ne dédaigne le métier modeste de laboureur et ne devienne ambitieux?

— C'est d'abord une grave erreur de croire, mon cher enfant, qu'un homme ignorant puisse être un bon cultivateur; plus que tout autre, il faut qu'il puisse, en toute circonstance, juger, penser, et se conduire selon le bon sens, le droit et l'équité; ce qu'il ne saurait faire sans instruction. Je ne prétends pas faire des cultivateurs autant de professeurs de sciences, mais les mettre à même, par une bonne éducation professionnelle, de comprendre que la supériorité ou l'infériorité de leurs produits dépend surtout des bonnes méthodes de culture, des bons instruments, de la qualité et de la convenance des semences et des plantes, du soin, de l'activité, de l'industrie, et jamais du hasard, de l'influence des astres ou des jours. — Comment voulez-vous que le paysan comprenne et applique les procédés des savants, les précieuses découvertes modernes; comment voulez-vous qu'il connaisse ses droits et ses devoirs, s'il n'a pas reçu une éducation qui le rende apte à les comprendre? Comment voulez-vous qu'il combatte avec avantage ces innombrables ennemis qui, constamment, contrarient ou détruisent ses travaux, et qu'il tire tout le parti qu'il pourrait obtenir de ces animaux utiles qui sont ses auxiliaires naturels? — Que d'animaux, que de végétaux Dieu n'a-t-il pas créés, qui sont la providence des pays lointains, et que la routine et l'ignorance empêchent seules d'acquérir; que de luttes, que d'efforts, n'a-t-il pas fallu pour faire accepter au cultivateur la pomme de terre, qui est un des dons les plus précieux que la nature ait faits à l'homme. — Non, non, croyez-le bien, là où manque l'instruction, la civilisation s'arrête. Sans instruction, pas de progrès, pas de perfectionnement. L'homme ignorant a une horreur instinctive pour tout ce qui est nouveau, et une défiance insurmontable contre ce qu'il ne comprend pas. Pour lui la théorie est impossible et la pratique défectueuse. C'est l'ignorance généralement répandue dans les campagnes qui jette sur l'agriculture la défaveur qui la tue, et qui fait déserter les champs (1).

Le métier d'agriculteur est considéré comme le dernier des métiers, lorsqu'il devrait au contraire être mis au premier rang; car c'est lui qui fournit aux nécessités les plus immédiates de la vie; c'est lui qui garantit aux sociétés le premier des biens : l'existence.

Vous suivez, je crois, la carrière d'avocat, mon neveu? Eh bien, pensez-vous qu'il soit moins honorable de vendre du blé, qui nourrit, que des arguments, qui souvent font triompher une mauvaise cause? — Est-il moins honorable

---

(1) Que l'on se rappelle que celui qui parle ici émettait ces idées il y a vingt-cinq ans. Depuis lors les choses ont bien changé; l'instruction publique est devenue de la part du gouvernement actuel l'objet de la plus vive sollicitude. Le ministre éclairé qui y préside n'a rien négligé pour que les citoyens participent largement à cette source du bien-être et de la prospérité d'une grande nation. Des Ecoles communales ont été partout établies, des Instituts agricoles et des Ecoles professionnelles ont été fondés, la position des instituteurs améliorée, les concours et les récompenses multipliés.

de manier la charrue, qui fait vivre les hommes, que le fusil qui les tue? — Non, sans doute. — Mais c'est l'inégalité de l'instruction qui crée en grande partie l'inégalité des conditions sociales; qui nous divise en castes, et qui attise les jalousies et les inimitiés. Si cette vérité élémentaire était admise, le paysan ne serait plus humilié d'être laboureur, et le citadin ne mépriserait pas la charrue qui le fait vivre. — L'homme des champs n'éloignerait pas, par une ambition déplacée, ses enfants du sillon qui les a vu naître, pour les envoyer à la ville, où ils deviendront des ouvriers et des employés. Déplorable aveuglement! le paysan fait des sacrifices qui augmentent son malaise, afin de pouvoir envoyer son fils à la ville, et celui-ci n'en rapportera souvent que les mauvaises choses des centres industriels.—Et ses enfants y gagneront-ils?—Les salaires sont plus élevés à la ville qu'à la campagne, c'est vrai, mais on y dépense plus; à gagner plus et à dépenser plus, le bénéfice est le même; c'est partout une égale proportion entre les vivres et le travail. Et il ne faut pas croire que Dieu ait fait pour le laboureur toute la peine, et pour l'ouvrier ou l'employé des villes tout le plaisir. L'ouvrier, assis sur son banc du matin au soir, sans bouger, non plus que s'il était cloué sur la planche, vit au milieu de l'atmosphère enfumée de l'usine, assailli par les misères du chômage et les déceptions des gros salaires. Le paysan travaille aussi, lui, mais c'est au milieu d'un air pur, en vue des beautés de la nature; pour lui le soleil luit, la brise souffle, les oiseaux chantent et lui réjouissent le cœur. La terre est le plus noble atelier du travail, et c'est là qu'il fait bon vivre. Et cela est si vrai que, lorsque vient le dimanche, le jour du repos, ouvriers et employés fuient la ville pour aller respirer un peu de cet air pur, voir un peu de cette belle verdure, aspirer ces douces senteurs des prés et des bois dont ils sont privés toute la semaine.

Qui ne les admirerait ces champs fertiles, qui ne les aimerait ces prés émaillés de fleurs, rafraîchis par des eaux limpides, ombragés par des rideaux d'arbres, remplis de chants et de parfums. Quoi de plus admirable et de plus opulent que nos campagnes, les moissons dorées par le soleil, les cultures variées ; le cœur est à la fois enivré du spectacle de la nature et des merveilleuses transformations du sol, et l'on peut dire que nulle part une plus belle exposition du travail de l'homme ne peut frapper les regards.

— Mon cher oncle, lui dis-je en lui prenant vivement la main, vous parlez avec tant d'éloquence, de raison et de conviction, qu'il serait impossible de n'être pas de votre avis, et je vous remercie sincèrement d'avoir chassé de mon esprit les ridicules préventions que j'avais contre l'agriculture.

— Oh je m'en étais bien aperçu mon enfant, dit mon bon oncle en me serrant la main, tandis que ma cousine me regardait en souriant d'un air malicieux, — mon simple langage n'est certes pas éloquent, mais c'est celui d'un homme convaincu, c'est celui de la vérité ; voilà pourquoi il agit sur vous, qui avez les généreuses et vives aspirations de la jeunesse vers tout ce qui est beau et bon. — Oui, je crois que la vie champêtre est la seule où l'on puisse trouver le bonheur complet, lorsque l'on sait se contenter des jouissances tranquilles et honnêtes ; je crois que Dieu a mis le bonheur ici-bas dans la médiocrité et le contentement de soi-même. — Quant à moi, je m'applaudis tous les jours d'être né près du sillon et d'avoir mis au service de la terre, notre bonne nourrice, le peu que je possède de lumières et de moyens. En échange elle me donne le premier des biens de ce monde, l'indépendance, qui naît de la modération et du travail.

— Voilà sans doute la vraie philosophie ; mais dites-moi, mon oncle, est-ce au moyen du simple raisonnement que vous avez converti vos voisins et fait de votre commune un village modèle.

— Oh, ce n'a pas été sans un peu de peine, dit mon oncle en souriant d'un air satisfait, et tout l'honneur n'en revient pas à moi seul. — Comme vous le savez, je suis né dans ce village, ainsi que votre mère, et je ne l'ai quitté que pour payer ma dette à la patrie. Une véritable vocation m'attachait à la terre, et en endossant l'uniforme de soldat, je restai laboureur au fond de l'âme. J'ai parcouru toute l'Europe avec nos armées victorieuses, et partout j'ai mis à profit mes heures de loisir pour observer les divers modes de culture, causant avec les praticiens, interrogeant les gens instruits, recueillant ici quelque procédé nouveau, là quelque plante utile ou quelque remède; et je faisais ainsi tout doucemen ma moisson de savoir et d'expérience. Mais, lorsqu'au bout de dix ans je revins au pays, rapportant de mes voyages quelques connaissances utiles et la croix d'honneur, mon cœur se serra en comparant nos maigres et chétives récoltes, nos tristes et languissants bestiaux, à tout ce que j'avais vu et admiré dans les contrées de lumière et d'abondance. Je résolus alors de transformer mon pays natal; je déclarai à l'ignorance et à la [routine une guerre à mort, dussé-je y succomber, et je me mis courageusement à l'œuvre.

Je commençai par prêcher d'exemple, la meilleure manière à mon avis de frapper les yeux et de convaincre l'esprit. Mais ce n'est pas chose facile de terrasser la routine et le mauvais vouloir. D'abord, ce fut à qui blâmerait mon audace de mépriser les vieilles traditions et de vouloir faire mieux que nos pères; chacun critiqua mes innovations et mes instruments; et, comme parfois mes essais ne réussissaient pas, on se moquait de moi. Mais je ne me décourageai point, je laissai dire et je n'en continuai pas moins à réformer les bâtiments, à modifier les instruments, à essayer les engrais. Enfin, mes efforts furent couronnés de succès, et lorsqu'ils virent quels beaux bestiaux, quels abondants fourrages, quels riches blés, j'avais obtenus, mes voisins commencèrent à ouvrir les yeux et à écouter mes conseils. Je prêchai l'ordre et la propreté, et j'obtins d'abord qu'on fit disparaître de devant les maisons les fumiers et les mares infectes qui blessent à la fois l'odorat et les yeux. Je fis ensuite comprendre que les étables basses et sans air, cloaques fétides au milieu desquels croupissent et s'étiolent les animaux, sont la principale cause de l'infériorité et de la mortalité des bestiaux qui, dans ces conditions, ne livrent aux hommes qu'une nourriture insuffisante, et à la terre que des engrais sans vigueur. Je fus vivement appuyé par notre curé, homme pieux et intelligent, rempli d'un véritable esprit de paix et de l'amour du prochain. Ses exhortations et mon exemple entraînèrent les moins opiniâtres; ils assainirent leurs fermes, réformèrent leurs étables, et, comme ils s'en trouvèrent bien, les autres, comme des moutons, suivirent leur exemple. Un progrès en amène toujours un autre; quand les bestiaux furent mieux logés que ne l'étaient leurs maîtres, je fis honte à ceux-ci; j'en appelai à leur dignité d'homme, et, notre bon curé me secondant, la réforme de l'étable entraîna bientôt celle de la maison, de la chaumière.

En me voyant réussir dans mes entreprises, on pensait tout bas que le savoir et les livres sont bons à quelque chose, et l'on envoyait les enfants à l'école. Je parvins, avec l'aide du curé, à faire nommer, comme instituteur dans notre commune, un excellent jeune homme, fils d'un de mes anciens compagnons d'armes, brave cœur, esprit droit, assez instruit, mais peu favorisé de la fortune. Il

se donna corps et âme à sa tâche, et nous seconda digne-
ment.

Porté par mes goûts, aussi bien que par la nécessité,
vers l'étude de la nature, j'observai les animaux et les
plantes qui nous entourent; j'étudiai leurs mœurs, leurs
rapports entre eux, le bien et le mal que nous devons en
attendre. Je fis des collections de plantes et d'insectes,
pour faire connaître, d'une part, ceux qui sont utiles à
l'homme, et, d'autre part, ceux qui lui sont nuisibles; et
je mis ces objets, ainsi que le peu de livres que je possé-
dais, au service de tous ceux qui voulaient s'instruire.
Enfin, sur les instances de mes deux amis, je me décidai
à ouvrir chez moi, pendant les longues soirées d'hiver,
un petit cours d'histoire naturelle, c'est-à-dire que, sans
me poser en professeur, je fis part à mes voisins, sous
forme d'entretiens, des quelques connaissances que j'avais
acquises par l'observation et l'étude.

La curiosité, sans doute, m'attira tout d'abord un nombreux auditoire, jeunes et vieux y accoururent; puis, le
sujet les intéressant, ils furent assidus et acquirent bientôt des connaissances aussi utiles au cultivateur que peu
répandues parmi eux.

Voilà, mon neveu, comment ce village est devenu,
grâce à nos efforts persévérants, l'un des plus prospères
et des plus heureux de la province.

Le soir même nous eûmes la visite du curé et de l'insti-
teur, et je pus juger que mon oncle leur avait simplement
rendu justice en faisant leur éloge. Le premier, homme
fort instruit et d'un esprit enjoué, joignait à ces qualités
les vertus d'un vrai pasteur selon l'Évangile; plein de douceur et de tolérance pour les autres, il n'était austère
qu'envers lui seul, et apportait dans l'exercice de son mi-
nistère la plus fervente conviction. L'instituteur était un
homme de trente-cinq à trente-six ans, assez beau garçon

et de manières agréables; il montrait une très-grande modestie; mais bien qu'il écoutât plus qu'il ne parlait, je pus bientôt juger qu'il avait des connaissances et des facultés supérieures à sa position. Il montrait la plus grande déférence pour le curé et pour mon oncle qu'il considérait comme son père adoptif, et je crus m'apercevoir qu'il n'était pas trop mal vu de ma cousine Jeanne qui, d'ailleurs, comme je l'appris plus tard, lui était fiancée.

Ces trois hommes et Jeanne étaient réellement la providence du pays, et tous les habitants les vénéraient et les chérissaient. Y avait-il un différend, on venait aussitôt trouver le père Rustique, qui, à la satisfaction de tous, conciliait les parties ou jugeait en dernier ressort; jamais un procès, bien qu'on fût en pleine Normandie. Il aidait l'un de ses conseils, ouvrait à l'autre sa bourse, prêtait à celui-ci ses bœufs ou ses chevaux, donnait à celui-là un affectueux coup de main, et était heureux de voir le rayonnement de son propre bonheur sur tout ce qui l'entourait.

Un seul événement avait cependant un moment assombri son existence; il avait perdu sa femme, bonne et noble créature bien digne d'être associée aux généreux sentiments qui animaient son mari. Elle était morte en donnant le jour à Jeanne qui, au dire de mon oncle, était en tout le portrait de sa mère.

Jeanne était, en effet, le modèle de la bonne ménagère; la maison et la ferme étaient supérieurement tenues; elle avait toujours le linge le plus blanc, le plus beau pain, le beurre le plus fin, et sa basse-cour faisait l'admiration et l'envie de toutes ses voisines. D'ailleurs, si bonne et si affectueuse qu'elle était aimée de tous. Jamais un pauvre ne venait à la ferme sans emporter de gros morceaux de pain et de bonnes paroles. Aussi habile à découvrir les

malheureux que prompte à les secourir, elle luttait à l'envi avec son père pour faire le bien.

Je me liai bientôt avec Louis Desnos, l'instituteur, dont
je pus apprécier les belles qualités, et je passai deux mois
délicieux et trop courts au milieu de ces natures d'élite,
m'instruisant à leur école d'une foule de choses que je ne
connaissais pas, et que m'eût apprises le plus jeune enfant
du village.

Quelques jours avant mon départ, mon nouvel ami
Desnos me confia un manuscrit ; c'était les *Veillées de
mon oncle Rustique,* dont il avait scrupuleusement rédigé,
chaque soir, les leçons. Mais il me fit promettre de ne pas
le livrer à l'impression, ce qui, me dit-il, offenserait assurément la modestie de mon oncle et le fàcherait contre
lui. Je le lui promis, et ne le communiquai qu'à quelques
amis.

Aujourd'hui mon oncle n'est plus. Il a quitté cette terre,
au culte de laquelle il s'etait voué comme un vrai sage,
le cœur plein d'espérance et le sourire sur les lèvres. Son
fils d'adoption, Louis Desnos, et moi, lui avons fermé les
yeux, et tous les habitants du village et de la vallée l'ont
conduit à sa dernière demeure, où il repose à côté de son
vieil ami le bon curé, à qui lui-même avait clos les pau-
pières quelques mois auparavant.

Dégagé de ma promesse, et autorisé d'ailleurs par mon
ami Louis Desnos, je publie aujourd'hui les *Veillées de
Jean Rustique,* telles qu'elles ont été rédigées par son
gendre, et sans y rien changer. Je me suis seulement
permis d'y ajouter quelques notes lorsque j'ai cru qu'elles
seraient utiles.

PREMIÈRE VEILLÉE.

LES LOIS DE LA NATURE.

Quel merveilleux tableau la nature offre à nos regards ! — avec quelle magnificence elle brille sur la terre ! — sa surface est émaillée de fleurs, parée d'une verdure toujours renouvelée, peuplée de mille et mille espèces d'animaux différents.

L'homme, formé par Dieu comme le dernier mot de la création, comme l'être le plus parfait des habitants de la terre, est seul capable de comprendre et d'admirer ces merveilles.

Son intelligence le met au-dessus de tous les êtres terrestres, et assure sa domination sur eux. Cette étincelle divine dont il est animé lui permet de lire dans le grand livre de la nature et d'en comprendre les lois qu'il sait utiliser à son profit.

Roi de la terre, l'homme la peuple et l'embellit ; il en fait disparaître les ruines, en élague la ronce et le chardon, y multiplie les fleurs et les fruits ; il en dessèche les marais pestilentiels, rend fécondes ses landes arides et la rajeunit par la culture. Il la couvre de riches moissons, de riantes prairies, où les espèces d'animaux utiles peuvent vivre et se multiplier en paix sous ses yeux.

Mais, malgré sa supériorité sur les autres êtres vivants,

l'homme n'en est pas moins soumis comme eux aux lois immuables qui régissent l'univers.

Tous les êtres organisés répandus à la surface du globe, les plantes, les animaux, et l'homme lui-même, tous naissent, vivent et meurent. C'est la loi générale, loi fatale à laquelle nul ne se peut dérober.

De ce que les êtres animés ne sont pas immortels, de ce que leur vie ne s'entretient pas d'elle-même, il en résulte qu'ils sont obligés de la soutenir par des aliments et de la préserver des accidents qui pourraient en précipiter la fin.

Il ne suffit donc pas de naître, il faut encore pouvoir vivre, c'est-à-dire se nourrir, se loger, se vêtir.

De là naît le travail, ce puissant antidote du mal et de l'ennui. C'est le besoin de lutter contre les besoins sans cesse renaissants de la vie qui a fait l'homme actif et industrieux. — S'il eût trouvé partout une nourriture abondante, toute préparée, s'il n'eût été obligé de cultiver la terre pour la faire produire suivant ses besoins, il serait devenu un être apathique et enclin au sommeil, comme tous les animaux bien repus. — Il serait demeuré dans une éternelle enfance, et jamais, ni les arts ni les sciences n'eussent vu le jour. — Toutes les connaissances humaines sont nées de l'obligation de satisfaire aux besoins les plus ordinaires de la vie.

Un aiguillon cruel, mais nécessaire, est toujours là pour assurer les efforts du travail : c'est la douleur ; sentinelle vigilante de la vie, instituée pour prévenir les méprises et les erreurs funestes, elle avertit de tout excès, elle donne l'alarme à tout péril ; c'est elle qui appelle l'esprit au secours du corps, et c'est d'elle que sont nées la prudence et la réflexion.

Supposez un être que la piqûre n'avertisse point, il sera transpercé ; que la brûlure n'émeuve point, il sera consumé; que le choc ne blesse point, il sera écrasé. Cet être ne pourrait faire un pas sans rencontrer la mort. La douleur la lui fait éviter ou combattre.

Mais la mort, cette fin de tous les êtres, est aussi nécessaire que la douleur.

Dieu, en créant les premiers individus de chaque espèce d'animal et de végétal, a non-seulement donné la forme au limon de la terre, mais il l'a rendu vivant et animé. Cette matière organisée peut se dissoudre par la mort, mais non se détruire. Après sa dissolution, elle passe dans d'autres êtres pour y porter la nourriture et la vie. Tout renouvellement, tout accroissement, toute alimentation, nécessitent donc une destruction précédente, une conversion de substance. La matière ne s'augmente pas, sa quantité est toujours la même, et, par sa circulation dans l'univers, elle rend la nature toujours également vivante, la terre également peuplée et toujours également resplendissante de jeunesse et de beauté. La mort ne frappe que les individus, elle ne détruit que la forme, elle ne peut rien sur la matière et ne fait aucun tort à la nature, qui, constamment, renaît de ses cendres.

La vie circule donc en nous sans y demeurer; la nature la reprend sans cesse pour la donner à d'autres individus; c'est comme une flamme divine qui nous anime et nous consume, un bien dont nous ne sommes que dépositaires et que nous devons transmettre à nos descendants.

Mais si Dieu n'a pas rendu les individus immortels, il a fait les espèces éternelles, en leur disant : croissez et multipliez.

L'animal, prédestiné à une fin, doit nécessairement se reproduire, afin que la nature demeure toujours animée, toujours active et brillante; et rien ne manifeste d'une manière plus éclatante la puissance divine sur la terre que cette perpétuelle création qui rajeunit sans cesse la nature organisée; cette flamme secrète qui, pénétrant tous les êtres, les anime, les féconde et donne naissance à cette éternelle succession d'individus qui constitue l'espèce et s'avance à travers les siècles.

La nature a tout préparé pour assurer cette transmission de la vie, cette succession des individus les uns aux autres, cette perpétuité de l'espèce, et lorsqu'elle livre un être à la destruction, c'est dans le but de développer ou de soutenir d'autres existences.

Mais comment aurait-elle pu faire subsister l'animal sans l'investir du droit de destruction sur les êtres qui composent sa nourriture?

Le plus grand nombre des animaux font la guerre aux plantes et les dévorent à belles dents; ceux-ci deviennent à leur tour la proie des animaux carnassiers qui se nourrissent de leur chair.

L'animal carnassier suppose nécessairement des animaux herbivores, comme ceux-ci supposent des plantes; c'est une suite de dominations vivant les unes aux dépens des autres. C'est un mal nécessaire, une loi fatale sans laquelle le monde ne pourrait exister.

Que deviendrait la terre si tous les germes animaux et végétaux se développaient librement? Il ne resterait bientôt plus assez de place dans l'air, dans les mers, sur les continents, pour les innombrables descendants de la population primitive, et nous verrions toutes les plaies d'Égypte désoler à la fois la terre.

Rien de semblable n'est heureusement à craindre. — Guidé par les instincts que la nature prévoyante a mis en lui, chaque être travaille à conserver la place qui lui est réservée sur la terre, et il concourt à son insu à assurer cet ordre admirable qui se manifeste dans le monde.

Les végétaux croissent à profusion et préparent aux races d'animaux une nourriture abondante et salutaire;

mais, s'ils n'étaient arrêtés dans leur développement, ils couvriraient bientôt la terre et s'étoufferaient réciproquement. — D'un autre côté, les herbivores, s'ils n'avaient pour contre-poids de leur fécondité les animaux carnassiers, se multiplieraient à l'excès, et auraient bientôt dévoré toutes les plantes, ce qui replongerait la nature dans le deuil, puisque ces animaux, ne trouvant plus à subsister, s'entre-dévoreraient tous.

Cependant la nature, comme une mère économe au sein même de l'abondance, a fixé des bornes à la dépense et prévenu le gaspillage, en ne donnant qu'à un petit nombre d'animaux l'instinct de se nourrir de chair, et elle a même réduit à un petit nombre d'individus ces espèces voraces et carnassières, tandis qu'elle a multiplié abondamment les espèces et les individus des animaux qui se nourrissent de plantes, et qu'elle a répandu avec profusion les espèces et la fécondité chez les végétaux.

Rien n'a été abandonné au hasard dans l'univers ; tout a été calculé dans un rapport exact à la nature et au nombre des espèces, et aux accidents qui les menaçaient. Plus un animal ou une plante sont exposés à périr, plus ils se reproduisent, plus ils sont féconds, afin que l'espèce échappe à ses ruines, afin que le produit balance constamment la perte.

Enfin, l'homme a été créé comme un modérateur suprême des productions vivantes ; lui aussi veut vivre, et il frappe de mort les espèces carnivores, comme des rivaux dangereux, car il subsiste également de végétaux et de chair.

Il pèse donc tour à tour sur toutes les espèces créées ; il comprime ou favorise à son gré la multiplication des animaux et des végétaux. Mais, à son tour, sa trop grande multiplication est arrêtée par les maladies, par la guerre, par les excès de tout genre auquel il se livre.

Il semble donc que la terre ne soit qu'un immense

champ de bataille ; mais il ne faut pas nous attrister à la vue de ces scènes de destruction dont la nature vivante est le théâtre, puisque la vie n'est qu'à ce prix, et que la mort ne fait rentrer tous les êtres dans le sein de la matière que pour qu'ils en sortent de nouveau après d'innombrables métamorphoses. — Tout change dans la nature, tout s'altère, tout périt, mais pour renaître plein de force et de beauté. Sans la mort, la vie eût été d'ailleurs privée de tout ce qui l'embellit. Si l'homme eût été créé immortel, le nombre en aurait dû être nécessairement restreint, en raison de l'étendue limitée de la terre ; et, ne pouvant se reproduire, il n'eût connu aucune des jouissances qui font le charme de l'existence ; il eût ignoré surtout ce don céleste, l'amour filial, conjugal, paternel, ce bonheur si grand qu'aucun être ne voudrait en être privé, même au prix de la mort.— Il n'eût pu même se procurer les jouissances matérielles de la table, puisqu'il n'eût pu détruire ni les plantes ni les animaux immortels comme lui.

Dieu n'a pas voulu que nous vécussions dans l'indolence et l'insouciance, car nous cesserions de trouver le bonheur si nous en jouissions nécessairement, sans relâche. Mais toujours à côté du mal, de la peine, il a mis le bien, le plaisir. La douleur ne fait que rehausser le prix des félicités sans nombre de la vie ; l'une est toujours subordonnée à l'autre ; la mesure de ses biens surpasse toujours celle des maux, et, ce qui le prouve, c'est que nul ne voudrait perdre une partie de sa vie, lorsqu'elle est bien remplie, nul ne voudrait, pour s'affranchir de ses peines, être privé de son bonheur. — Puis tout n'est pas fini pour nous au delà de ce monde ; notre corps seul périt, mais notre âme est immortelle, et ce dogme consolateur aide l'homme vertueux à supporter l'adversité et à envisager la mort sans crainte.

DEUXIÈME VEILLÉE.

——

L'HOMME ET LES ANIMAUX.

——

Dans les premiers âges du monde, l'homme, jeté nu sur cette terre et comme échappé d'un naufrage, exposé à mille causes d'anéantissement, eût besoin de réclamer de toutes parts l'assistance de la nature. N'ayant point, comme les animaux sauvages, cet instinct inné qui dirige leurs mouvements et veille à leur conservation, moins bien partagé qu'eux sous le rapport des armes offensives et défensives, il fût bien vite devenu leur proie, si Dieu ne lui eût donné en partage la raison, qui l'a fait maître de la création. — Au moyen de ce flambeau divin, il examina attentivement les objets qui l'entouraient et put bientôt en reconnaître les qualités utiles ou nuisibles. Il rapprocha de lui les créatures les plus utiles et les plus parfaites, écarta de sa demeure les êtres malfaisants, les productions dangereuses, chassa au loin ou extermina les monstres qui menaçaient son existence ou troublaient sa tranquillité, et régna bientôt en maître sur la terre.

Cette prééminence de l'homme sur les animaux, il la doit à son organisation. La tête, ou plutôt le cerveau, est le siège de l'intelligence; et plus le cerveau est étendu, volumineux, relativement au corps, plus l'animal a de sensibilité, plus il est capable d'intelligence.

L'homme a le cerveau beaucoup plus développé que tous les animaux ; il est plus intelligent ; son empire sur toutes les créatures est donc justifié par son organisation même et par les lois de la nature.

Dans l'animal, le crâne est déprimé, la face s'allonge en museau par le développement des mâchoires, et cette structure même annonce que chez lui les appétits grossiers passent avant l'esprit. La bête ne songe qu'à assouvir ses besoins ; elle cède au penchant de ses organes, elle est l'esclave de sa constitution.

L'homme, au contraire, par la supériorité de son intelligence, peut résister à ses appétits désordonnés, réprimer et dompter même les penchants physiques, et suivre la vertu à travers les orages des passions. L'homme commande à ses instincts, l'animal leur obéit.

Mais, par cela même qu'il est doué de raison, l'homme est responsable de ses actes. Dieu, en le plaçant entre le bien et le mal, lui a donné un libre arbitre pour s'exercer à leur choix ou à la vertu ; il a fait luire à ses yeux le céleste flambeau de la raison, dont il a déshérité les animaux, afin qu'il pût se conduire dans cette laborieuse route de la vie.

L'homme est vertueux ou criminel sciemment ; il est responsable de ses actions, car il peut en juger la valeur ; il est libre. — L'animal ne l'est pas complétement, et c'est à tort que nous lui prêtons nos sentiments, nos passions, nos vices.

Le lion, le tigre, le loup n'égorgent pas par cruauté ; c'est leur instinct qui les pousse à dévorer les autres animaux comme ceux-ci dévorent les plantes.

La bête ne peut pas s'écarter de la règle que lui a prescrit la nature ; si ses mâchoires sont construites pour dévorer une proie, ses griffes pour la saisir et la déchirer, ses membres pour la poursuivre et pour l'atteindre, il faut nécessairement que la nature ait également placé dans son cerveau l'instinct particulier qui le pousse à se nourrir de chair ; car, sans cela, sa race ne pourrait subsister. Un pigeon mourrait de faim près d'un vase rempli des meilleures viandes, et un chat sur des monceaux de fruits ou de grains, parce que l'un est organisé pour être granivore, et l'autre pour être carnivore.

Mais, équitable dispensatrice de ses bienfaits, la nature distribue à tous les êtres la vie, l'aliment et la faculté de se reproduire. Si elle a appris à divers animaux la manière d'attaquer et de poursuivre leur proie, elle a appris à d'autres celle de se défendre ou d'échapper. Elle a accordé en général plus d'industrie aux êtres faibles ; elle leur a inspiré plus de ressources pour échapper à leurs ennemis ; elle leur a départi plus d'instincts.

La supériorité de l'homme sur les animaux est incontestable ; il y a un abîme entre la bête la plus subtile et l'être humain le moins intelligent. Mais de ce que nous sommes supérieurs aux animaux, il ne s'ensuit pas que nous ayons le droit d'abuser d'eux et de les traiter comme des machines brutes et insensibles.

L'orgueil humain nous persuade aisément que tous les êtres terrestres ont été créés pour nous seuls ; mais l'inutilité ou même la nuisibilité d'une foule d'animaux s'élève contre cette prétention et la détruit. Les animaux ne sont pas naturellement soumis à la domination de l'homme ; en réalité, c'est lui qui les soumet et les domine par son adresse et son intelligence, et qui sait les tourner habilement à ses usages. Nous nous servons du chien, du cheval, du bœuf, en les appliquant avec art à nos besoins, comme nous nous servons du vent pour diriger les navires et faire tourner les moulins, ou de la vapeur pour faire marcher une foule de machines. Mais la nature n'a pas

plus voulu faire des animaux nos esclaves que nous sou
mettre le vent et la vapeur.

Tous les animaux sont sensibles, puisqu'ils ont des sens ;
un grand nombre d'entre eux sont éducables, ce qui suppose nécessairement une certaine dose de mémoire, de
jugement, d'idées. Comme nous, ils sont accessibles aux
attraits du plaisir et aux atteintes de la douleur. Ils ont
aussi leurs passions, c'est-à-dire qu'ils sont susceptibles
de haine et d'attachement, de reconnaissance ou de ressentiment. — Tous les jours, les animaux qui vivent auprès
de nous nous en donnent des preuves évidentes. Ne voyons-
nous pas le chien accourir quand son maître l'appelle, le
caresser quand il en est flatté, trembler et fuir en gémissant
quand il en est menacé ; ne lui obéit-il pas, ne donne-t-il pas
toutes les marques extérieures de sentiments divers, tels
que la joie, la tristesse, la douleur, le plaisir, la crainte,
et ne devons-nous pas en conclure que ce chien a dans lui-
même un principe de connaissance et de sentiment ? Le
cheval, l'âne, le bœuf, et même la pauvre brebis, nous
offrent journellement des preuves de connaissance et de
sentiment ; tous ces êtres sentent le bien et souffrent du
mal ; tous sont capables d'affection et de ressentiment.

Il est bien vrai que, à mesure que l'organisation est
moins parfaite chez les animaux, le sentiment est moins
vif ; que les reptiles et les poissons, les mollusques, les
insectes, les vers ne perçoivent pas la douleur avec une
même intensité. Cependant, ne l'oublions pas, nul animal
n'est complétement à l'abri de la souffrance ; tous ressentent le plaisir ou la douleur ; car, s'il en était autrement,
l'instinct de la conservation ne pourrait exister chez eux.

Notre supériorité intellectuelle sur les animaux ne nous
donne donc pas le droit d'abuser d'eux en les maltraitant
et en exigeant plus qu'ils ne peuvent nous donner. N'oublions pas qu'ils sont comme nous l'œuvre du Créateur,

et qu'à ses yeux tous les êtres sortis de ses mains ont un droit égal à ses bienfaits. — Il est hors de doute que nous pouvons employer les animaux à nos travaux, les tuer même pour les faire servir à notre nourriture, puisque la nature elle-même nous en donne l'exemple en créant des bêtes carnassières pour dévorer d'autres espèces. — Il est également certain que nous avons le droit de détruire les animaux nuisibles, puisque c'est à notre corps défendant et pour les empêcher de nous faire périr nous-mêmes, ou de nous affamer en détruisant nos cultures. Mais, pas plus dans un cas que dans l'autre, nous n'avons le droit de les faire souffrir inutilement et de prolonger leur agonie. Détruire un animal ou le faire souffrir sans nécessité est un crime ; c'est outrager et soi-même et la nature.

C'est à vous que je m'adresse, enfants, qui trop souvent vous montrez cruels et lâches envers les créatures qui vous entourent. Cruels, car vous faites souffrir à plaisir et sans nécessité de pauvres animaux innocents, qui ne demandent qu'à vivre en paix et ne vous ont jamais fait de mal ; — lâches, car ce sont toujours les faibles que vous prenez pour but de vos jeux inhumains. Ce n'est pas au bœuf que vous vous adressez, car il a des cornes menaçantes ; ce n'est pas au chat, car il a des griffes ; ce n'est pas à l'abeille ni à la guêpe, car elles ont leur aiguillon. Mais c'est au lézard inoffensif qui, sans défiance, se réchauffe au soleil hors de son trou ; vous lui brisez la queue et vous vous amusez ensuite à voir remuer ce triste tronçon ; puis vous le faites mourir en captivité et à force de le tourmenter. Mais c'est surtout le pauvre oiseau qui est victime de votre cruelle insensibilité. Innocentes créatures, tous leurs soins ne tendent qu'à vivre et à élever leurs petits. Quelle sollicitude, quelle peine ne prennent-ils pas pour les faire éclore et pour leur porter de la nourriture ; mais quelles vexations, quelles terreurs ne leur faites-vous pas subir pendant cette occupation si naturelle et si digne d'intérêt. Il n'y a ni haie ni buisson qui échappe à vos investigations pour trouver des nids ; rien ne sert aux pauvres oiseaux de les cacher au plus épais du fourré ou aux plus hautes branches des arbres. Malgré tout, vous les découvrez ; puis, cent et cent fois vous interrompez l'occupation de la mère, la faisant mourir de peur pour sa couvée ; et lorsqu'enfin, à force de soins, elle a fait éclore les œufs, vous enlevez ses petits sous ses yeux, sourds à ses cris et à sa douleur et ne songeant qu'à vos cruels plaisirs.

Non-seulement vous commettez une mauvaise action en tourmentant ces innocentes créatures, mais vous faites encore un acte stupide, car ces oiseaux, pour nourrir les petits que vous leur enlevez, auraient détruit des milliers de chenilles et d'insectes qui dévoreront les champs de vos pères. — Les mouches, les hannetons, tous les animaux faibles sont entre vos mains des souffre-douleur ; il n'est pas de raffinement que vous n'inventiez pour les torturer.

C'est à vous aussi que je m'adresse, jeunes gens, qui devriez montrer le bon exemple à vos plus jeunes frères. Si vous ne capturez plus de lézards, si vous ne dénichez plus de nids, si vous ne torturez plus de hannetons, vous n'en avez pas moins souvent l'instinct de la destruction. Armés d'un fusil, vous essayez votre adresse, non-seulement sur les animaux qui peuvent servir à votre nourriture ou sur ceux qui peuvent vous nuire, mais encore sur une foule d'animaux innocents qui ne vous ont jamais fait de mal, et dont la mort ne peut vous rapporter aucun profit, alors même qu'elle ne vous prive pas d'auxiliaires utiles. Votre plomb meurtrier va frapper le pinson et la fauvette dont le chant égaye nos bosquets ; vous n'épargnez même pas l'hirondelle qui, pleine de confiance, demande l'hospitalité à l'homme. Vous les détruisez, ces pauvres êtres, qui, loin de vous faire du mal, vous rendaient les plus grands services, en purgeant vos champs d'une multitude d'insectes et de vers dévorants; les voilà gisants sur la terre, mutilés ; que ferez-vous de leurs cadavres ?

Et que dire de ces amusements barbares, dignes des siècles d'idolâtrie? Vous excitez les chiens l'un contre l'autre à la fureur et au combat, sans autre motif que votre amusement; vous prenez plaisir à les voir s'entre-déchirer, s'estropier, se tuer même quelquefois, et vous ne réfléchissez pas qu'en les poussant ainsi à la férocité contre leurs semblables, ils pourront un jour la tourner contre les hommes. — De quel nom qualifier ces jeux sanguinaires, qu'on peut à peine décrire de sang-froid? Vous suspendez par le cou, à une corde ou à un poteau, une oie vivante, puis, à tour de rôle, vous vous efforcez, à coup de pierre ou de bâton, à lui arracher la tête (1). Celui qui a obtenu enfin ce bel avantage de lui faire rendre le dernier soupir après un supplice hideux, après une longue et horrible souffrance, a remporté le prix ; il est félicité et régalé par ses camarades. Les pères et mères rient et applaudissent à ces exploits, et les enfants, témoins de ces cruautés, répéteront demain en petit ce qu'ils ont vu faire en grand.

Prenez garde, pères insouciants, mères trop faibles, qui assistez avec indifférence à ces actes de cruauté; celui qui, étant enfant, est méchant pour les bêtes, le deviendra pour ses semblables; vous-mêmes peut-être en serez victimes. Aura-t-il pour son père, pour sa mère, des soins prévenants? Respectera-t-il leur vieillesse, celui qui, accoutumé

---

(1) Le gouvernement actuel, qui s'efforce non-seulement de répandre les lumières dans les masses, mais encore d'adoucir les mœurs, a défendu ces jeux barbares, bien faits pour inspirer l'horreur et le dégoût.

à la dureté, à l'insensibilité, aura pris plaisir à maltraiter, à torturer les animaux ? — Si nous remontons dans la vie privée, dans les habitudes premières de l'homme qui est devenu dangereux à ses semblables, presque toujours nous trouverons qu'il s'est fait dans sa jeunesse une habitude de la cruauté envers les animaux.

Les enfants naissent bons généralement; c'est la mauvaise éducation qui gâte leur cœur; c'est le mauvais exemple qui les endurcit, qui développe en eux cette insensibilité barbare et inintelligente que montrent la plupart des hommes vis-à-vis des animaux.

Eh quoi! loin d'avoir de la reconnaissance pour les animaux, compagnons fidèles de vos travaux, vous les maltraitez sans raison, vous exigez d'eux des services au delà de leurs forces et les frappez pour les obtenir. Non-seulement cette manière d'agir est barbare, mais elle est inepte. Pour obtenir de bons services des bêtes qui nous servent, il faut agir avec douceur et même avec une sorte de logique; le mal ne peut produire que le mal, et lors même que l'humanité ne vous ordonnerait pas d'user de ménagement envers les animaux, votre intérêt seul le voudrait, car cette conduite vous procurera de grands avantages; vous aurez, pour vous aider dans vos travaux, des animaux plus forts, plus dociles et qui vivront plus longtemps; vous aurez pour votre nourriture des animaux plus sains, et qui vous fourniront de meilleurs aliments; enfin, par des soins éclairés, vous améliorerez les races de vos animaux domestiques.

Si l'homme s'est arrogé des droits sur les animaux, qu'il se souvienne donc qu'il a des devoirs à remplir envers eux; qu'il n'oublie pas qu'en échange de cette liberté que Dieu leur avait donnée et qu'il leur a ravie, il leur doit au moins ce nécessaire qu'ils sauraient se procurer eux-mêmes s'ils étaient libres, c'est-à-dire une nourriture saine et suffisante, un abri contre les intempéries, une protection contre leurs ennemis, et le repos nécessaire après un travail qui ne doit jamais excéder leurs forces. Il doit les traiter avec douceur et bonté, comme d'utiles et fidèles serviteurs.

L'homme qui ne comprend pas la justice de ces obligations est un être immoral; celui qui ne comprend pas qu'il est de son intérêt de les observer est un être stupide.

TROISIÈME VEILLÉE.

LES ANIMAUX UTILES.

ANIMAUX DOMESTIQUES.

Parmi les animaux qui peuplent nos champs, nos forêts, nos rivières, les uns, utiles à divers titres, font la richesse du cultivateur; d'autres, ennemis de ceux-ci, en ravageant nos cultures, nous causent des dommages considérables et quelquefois nous menacent nous-mêmes. — De là pour l'homme l'obligation de protéger les premiers et de détruire les seconds.

Parmi les animaux utiles à l'homme, les uns lui fournissent directement les produits nécessaires à son existence, des aliments, des matières textiles, de la force pour l'aider dans ses travaux; les autres le servent contre ses ennemis, soit volontairement, soit par leurs instincts naturels.

Quelques-unes de ces espèces utiles, conduites par leur instinct de conservation et de sociabilité à se rapprocher de l'homme, dès l'origine des sociétés, lui ont offert les moyens de les subjuguer, de les conduire, de les perfectionner à son point de vue, de les soumettre enfin à des habitudes nouvelles. — Les animaux soumis et dociles, nourris dans la demeure de l'homme ou autour d'elle, s'y sont reproduits et sont devenus sa propriété ; ce sont les *animaux domestiques*, êtres précieux qu'il a multipliés plus que la nature ne l'aurait fait, et qu'il a réunis en troupeaux nombreux dont il dispose à son gré.

Les animaux domestiques font toute la force de l'agriculture : ce sont les serviteurs les plus utiles de la ferme, les producteurs les plus féconds. C'est sur eux que roulent tous les travaux, et sans eux la terre serait sèche et stérile. Ils contribuent puissamment au développement et à l'extension du commerce, à la richesse et au bien-être de la société. — Aussi voyons-nous, dès les premiers âges du monde, les hommes s'occuper de l'éducation des animaux domestiques. Les livres saints et les historiens les plus anciens nous montrent les chefs des tribus, les patriarches, se livrant spécialement à cette éducation, et fonder sur elle leur prospérité et celle de leurs descendants.

Plus les animaux domestiques sont multipliés et perfectionnés sur les exploitations agricoles, plus le succès de ces exploitations est grand et assuré. — Tout s'enchaîne dans l'économie rurale : si, d'une part, le cultivateur doit compter sur la fertilité de la terre, d'un autre côté, outre le travail de ses bras, il faut qu'il lui fournisse des engrais sans lesquels elle s'épuiserait promptement, et ce sont les animaux domestiques qui donnent les meilleurs engrais. — Sans bestiaux, le cultivateur manque des principaux objets de sa consommation journalière, il est privé de très-grandes ressources et obligé à des déboursés continuels et considérables, au lieu de recueillir les nombreux bénéfices qu'ils lui procureraient.

L'intérêt bien entendu du cultivateur est donc de veiller avec sollicitude à la conservation et au bien-être des fidèles compagnons de ses travaux. Il ne suffit pas de leur donner une nourriture saine et abondante, il faut encore leur épargner les souffrances et les fatigues exagérées.

Les animaux sont très-sensibles aux bons traitements,

et l'on remarque toujours une grande différence entre ceux qui sont traités avec douceur et amitié et ceux qui sont négligés ou maltraités. Les premiers semblent en effet s'honorer de la part que l'homme leur accorde dans ses travaux ; les seconds sont au contraire vis-à-vis de lui dans un état de guerre perpétuelle ; la contrainte irrite l'animal le plus doux ; l'aiguillon, le fouet, les coups l'avilissent, le rendent rétif et méchant. — Le bon laboureur n'emploie pas l'aiguillon, le bon charretier ne se sert point du fouet, ni l'habile écuyer de l'éperon, la voix leur suffit pour diriger leurs bêtes.

Les mauvais traitements ne sont propres qu'à détruire chez l'animal le travail de l'éducation, tandis que les bons procédés, au contraire, le complètent et agrandissent le cercle des services qu'on peut demander à ces utiles auxiliaires. L'âne, que l'on accuse d'une opiniâtreté devenue proverbiale, ne doit ses vices qu'aux mauvais traitements qu'on lui a fait endurer dans son jeune âge ; il en est presque toujours de même du cheval ombrageux, de la vache qui fuit la main de l'homme, du chien hargneux et indocile, du mulet revêche ; en un mot tout animal méchant, intraitable, dangereux pour ceux qui l'approchent, prouve, en général, par cela seul, qu'on l'a rudoyé sans cesse, qu'on ne l'a jamais traité avec cette bienveillance dont un homme de cœur ne peut manquer envers les animaux qui vivent sous son toit. La négligence et la brutalité sont deux fléaux funestes qui, tôt ou tard, entraînent la ruine de la maison rurale.

Sans doute, lorsque l'animal, soit par dépravation, soit par suite d'une surexcitation dangereuse, devient violent, opiniâtre, et d'une indocilité complète, il faut recourir à quelques moyens énergiques pour le vaincre et le ramener à la soumission. — Dans ce cas, agissez par la faim d'abord, c'est l'un des moyens les plus puissants ; puis, en satisfaisant l'appétit par de petites quantités de nourriture, données à de longs intervalles, et en augmentant successivement la pitance à mesure que l'animal redeviendra docile. Joignez à cela quelques friandises, quelques caresses; elles sollicitent vivement les sentiments affectueux.

Ce n'est que par adresse, par séduction, que l'homme peut soumettre l'animal ; c'est en excitant ses besoins et en en faisant naître de nouveaux, pour se donner à ses yeux le mérite de les satisfaire, qu'il se rend maître de son affection, qu'il s'impose à lui par ses bienfaits. On arrive ainsi bien plus vite au but que par la contrainte et les châtiments; car les effets les plus ordinaires de la violence sont la révolte et la haine.

Après les bons traitements, le point le plus important pour conserver et pour améliorer les races domestiques est une nourriture saine et convenablement réglée; l'animal fournira d'autant plus en produits, en travail, en engrais, qu'il sera mieux nourri. — Les aliments doivent naturellement être choisis et appropriés suivant l'espèce, l'âge et la destination de l'animal.

Dans l'état de nature, les animaux vivent constamment à l'air libre; leurs instincts propres leur fournissent les moyens de trouver la nourriture qui leur convient, de se soustraire aux influences fâcheuses des intempéries, d'échapper à leurs ennemis; mais chez les animaux domestiques, tous les instincts de la liberté se sont effacés ; ils ont fait place à d'autres habitudes imposées par l'éducation de l'homme.

Il est donc nécessaire de leur construire des abris sains, commodes, et dans certaines conditions nécessaires à leur santé et à leur bien-être.— Mais, loin qu'il en soit ainsi, on y apporte d'ordinaire une incurie des plus funestes. Presque partout on voit les animaux entassés les uns sur les autres dans des réduits étroits, humides, où l'air, ce principe de la vie animale, ne se renouvelle jamais où la lumière ne pénètre qu'à peine. L'atmosphère pesante et malsaine qu'ils y respirent est encore viciée par les miasmes délétères qu'exhalent les fumiers, les litières pourries. Telles sont les causes véritables de la plupart des maladies qui affectent les bestiaux, des ravages que font les épizooties, et que l'on attribue sottement aux mauvais sorts, à l'influence des astres, etc. Il est cependant facile de remédier à cet état de choses en multipliant les jours larges, en diminuant le nombre des bêtes que l'on y enferme, en accordant à chacune d'elles l'espace né cessaire, et surtout en renouvelant souvent la litière.

L'habitation des animaux doit être établie dans un lieu sec, et disposée de manière à les préserver du froid excessif en hiver et de la trop grande chaleur en été. La meilleure exposition est celle à l'est, la plus fâcheuse de toutes est celle à l'ouest. Les bâtiments doivent être élevés, clairs, bien aérés, percés d'un nombre de fenêtres proportionné à l'étendue de l'étable. Dans les régions tempérées, on peut même établir dans l'intervalle des fenêtres des barbacanes (ouvertures longues et très-étroites) descendant jusqu'au niveau du pavé; on les garnit d'un canevas, pour intercepter le passage aux insectes. Ces barbacanes renouvellent sans cesse l'air intérieur, et il ne faut pas craindre de les multiplier; les étables ne sauraient être trop aérées, et, même dans la saison rigoureuse, l'air froid fait beaucoup moins de mal au bétail que l'air qu'on laisse croupir. L'humidité et la chaleur sont les deux grands véhicules de la corruption de l'air; elles hâtent la décomposition des litières, la putréfaction de toutes les substances et favorisent la multiplication des insectes parasites. Il est utile de faire recrépir de temps en temps tous les murs, que l'on passe ensuite à la chaux vive. — L'étable doit être vaste; il faut que l'animal y jouisse d'un espace suffisant pour se mouvoir en toute liberté, se coucher et se relever sans incommoder son voisin. On peut évaluer cet espace à un mètre et demi par bœuf ou par cheval. Le sol doit être salpêtré et bien battu, ou dallé, avec une légère inclinaison vers la cour, et au bas de la pente doit être creusée une rigole, disposée de manière à recevoir les déjections et à les conduire au dehors vers le dépôt des fumiers. Cela est d'autant plus indispensable que l'humidité est pour les bestiaux une des causes les plus puissantes de maladies et de dépérissement.

Les fumiers sont d'ailleurs précieux, et vous ne sauriez trop les économiser. Combien ne doit-on pas déplorer l'incurie et l'aveuglement de ces cultivateurs qui laissent leurs fumiers entassés dans leur cours ou devant leurs maisons, où non-seulement ils blessent la vue et l'odorat, mais deviennent souvent encore plus nuisibles qu'utiles !

Les fumiers sont lavés à grande eau chaque fois qu'il pleut, et privés ainsi de leurs parties les plus actives, qui, au lieu de fertiliser le sol et de préparer à l'année suivante de riches moissons, souillent et empuantissent les ruisseaux et les mares où vont se désaltérer les bestiaux. Il en résulte que ces eaux, empoisonnées par les matières putréfiées, provoquent chez les animaux qui s'y désaltèrent une foule de maladies dangereuses, font avorter les vaches et vicient leur lait.

La propreté est aussi nécessaire à la santé des animaux qu'à celle de l'homme. N'est-il pas absurde de croire que les bœufs et les vaches n'ont pas besoin d'être pansés et lavés comme les chevaux, et que c'est entretenir leur fécondité et leur santé que de les laisser couverts de croûtes et d'ordures de l'aspect le plus repoussant ? Cette négligence est au contraire une cause infaillible de maladie, et souvent même de mort. Si on laisse accumuler sur la peau des animaux toutes les impuretés qui s'y attachent, les pores se bouchent et la transpiration, si nécessaire à la santé, sera supprimée; or, il suffit qu'elle soit seulement suspendue pendant un certain temps pour qu'il en résulte des maladies graves.

Le pansement et le lavage sont des opérations tellement importantes que d'elles dépendent en grande partie l'embonpoint, la vigueur et la santé des animaux. En ouvrant les pores de la peau, elles assurent la transpiration, qui lubrifie la peau, la maintient dans un état de souplesse nécessaire au jeu de tous les organes, nourrit le poil, entretient l'activité et débarrasse l'économie de toutes les matières superflues ou nuisibles.

L'inaction prolongée est aussi nuisible aux animaux que le travail exagéré. Un exercice proportionné à l'âge, à la force de l'animal, à la nourriture qu'on lui donne, est nécessaire à sa santé. Il est surtout indispensable aux jeunes pour le développement de leurs forces et de leur taille; car, si l'excès du travail les affaiblit, les amaigrit, use leur vigueur et leur santé, l'inaction amène promptement la trop grande abondance et la stagnation des humeurs, l'engorgement des vaisseaux, l'obstruction des viscères, et par suite une vieillesse prématurée.

Beaucoup de circonstances sont à considérer dans l'emploi des forces, pour ne point en abuser, et dans les moyens de rendre la servitude moins pénible aux animaux que nous avons soumis pour nos besoins. — Le moment et la durée du travail doivent être fixés dans chaque saison d'après la nature de ce travail.— En été, temps où les forces s'épuisent promptement, toutes les opérations pénibles doivent se faire, autant que possible, le matin, le soir, ou durant la nuit, pour éviter les effets pernicieux de la trop grande chaleur, tandis qu'en hiver, à l'époque des grands froids, elles ne doivent avoir lieu qu'au milieu du jour.

L'éducation et les soins à donner aux animaux domestiques varient d'ailleurs suivant l'espèce. Tous n'ont pas la même constitution ni le même degré d'éducabilité.

Le nombre total des animaux domestiques est aujourd'hui beaucoup plus étendu qu'on ne le pense généralement ; chaque partie du monde a les siens propres, ou du moins chacune en possède qui lui sont particuliers, et dont plusieurs pourraient sans doute enrichir les autres contrées, en prenant les soins convenables pour leur acclimatation. — Ceux que la France possède depuis des siècles sont le chien, le cheval, l'âne, le mulet, le bœuf, le mouton, la chèvre, le cochon et les oiseaux de basse-cour.

QUATRIÈME VEILLÉE.

ANIMAUX DOMESTIQES.

LE CHIEN, LE CHEVAL, L'ANE ET LE MULET.

A la tête des animaux les plus utiles se place le chien, qui est plutôt l'ami de l'homme que son serviteur. C'est le plus fidèle comme le plus intelligent des animaux, et il nous rend des services aussi nombreux que signalés. Il garde nos maisons, veille la nuit à notre sûreté, sent de loin les malfaiteurs, donne l'alarme en cas de danger, et combat jusqu'à la mort pour défendre son maître et sa propriété. Il conduit nos troupeaux, et déploie la plus admirable activité pour y maintenir l'ordre et la discipline; il les défend contre les bêtes féroces, qu'il attaque avec courage. Et, à la chasse, quelle ardeur, quelle sagacité il montre! Ici ses instincts naturels viennent en aide à son intelligence; il découvre et arrête le gibier; mais, quelque animé qu'il soit, il rapporte toujours à son maître sans l'entamer la proie qu'il a tuée.

Le chien est entièrement dévoué à son maître; il a pour lui une affection que rien ne peut affaiblir, pas même l'injustice et les mauvais traitements; il sait se conformer à son humeur, et semble chercher à lire dans ses yeux un désir pour le satisfaire, avant même qu'il soit exprimé. Rien ne lui coûte pour prouver son attachement à celui qui l'a élevé et dont il a reçu les caresses; il supporte sans se plaindre les fatigues, les dangers, la faim, les privations de tout genre, s'il les partage avec son maître. C'est l'ami dévoué, le consolateur du malheureux, qui, abandonné de la fortune, l'est bientôt de ses semblables. Son chien seul lui reste, et semble d'autant plus redoubler d'affection qu'il le voit accablé par le malheur; il l'aide de toutes ses forces, l'encourage par ses caresses, cherche à le distraire par ses gambades, et se trouve assez récompensé par une caresse.

Dans son intimité avec l'homme, le chien n'a pris de lui que ses bonnes qualités : dévouement, désintéressément, courage; il ne connaît pas l'égoïsme; il s'absorbe en entier dans la vie de son maître, et, lorsque celui-ci vient à quitter avant lui la terre, souvent il meurt de tristesse et de douleur sur son tombeau.

Voilà le chien! Et cependant, par une de ces ingratitudes communes chez l'homme, son nom est devenu parmi nous un terme de mépris, lorsqu'il devrait au contraire être l'emblème du désintéressement, de la fidélité et de l'abnégation la plus complète.

Le chien est un exemple frappant de ce que peut l'homme sur la nature; son régime était carnivore, comme l'est encore celui des chiens qui vivent à l'état sauvage : l'homme a su le modifier de telle sorte qu'il l'a rendu presque en tout semblable au sien; son caractère était querelleur et féroce : il l'a rendu doux et obéissant, Après l'avoir arraché à la vie nomade, il l'a fixé dans sa maison, sous son toit, il en a fait son compagnon. Suivant ses besoins, l'homme a modifié le chien au physique comme au moral : il a formé des races de grande taille, de petites, de vigoureuses, d'élancées; il a dressé l'un à la chasse, l'autre à la pêche, celui-ci à la surveillance des troupeaux, celui-là à la garde et à la défense de la maison, etc., etc.

Le chien est le plus éducable des animaux, et c'est probablement le premier animal domestique avec l'aide duquel l'homme a pu dompter et réduire en esclavage les autres bêtes. Le chien a joué un rôle important dans la formation des sociétés ; car, sans lui, l'homme eût eu bien de la peine à passer de l'état sauvage à celui de pasteur ; sans le chien pas de troupeau, et sans troupeau pas de subsistance assurée.

Le chien a suivi l'homme sur tous les points de la terre, et comme lui il a subi les influences des divers climats. Comme lui il atteint un degré de civilisation plus ou moins avancé. De même que sa taille, son poil, ses formes, se sont beaucoup modifiés, de même son intelligence s'est plus ou moins développée, et cela tellement en rapport avec celle de ses maîtres que l'on pourrait, jusqu'à un certain point, juger de la civilisation d'un peuple ou d'une de ses classes par l'examen des mœurs des chiens qu'il s'est associés. Les chiens de berger, les mâtins, les épagneuls, les barbets, qui sont les races les plus répandues en Europe, sont aussi les plus utiles et les plus intelligentes ; les deux premières surtout intéressent particulièrement le cultivateur.

Le *chien de berger* est plein d'intelligence, très-sobre et très-affectionné à son maître. Gardien vigilant du troupeau, il sait le conduire, le rassembler, y maintenir l'ordre et la discipline. Voyez quelle étonnante activité il déploie, quelle merveilleuse intelligence il montre ! il comprend les intérêts de l'homme. S'il passe près d'un champ de blé, près d'une culture qui craigne l'approche des bestiaux, il les en éloigne, les surveille, menace ceux qui tentent d'enfreindre la défense, châtie les obstinés ; il ne se ménage ni la peine ni la fatigue, entend et exécute tous les ordres du berger.

Le *mâtin*, défenseur vigilant et fidèle de la maison et de la ferme, est plus robuste et plus courageux que le chien de berger, mais il est moins agile et moins intelligent; sentinelle incorruptible, il sent de loin les étrangers, avertit de leur approche par ses aboiements réitérés, et emploie pour défendre son maître et ses propriétés toute son énergie et ses forces. D'une fidélité et d'un dévouement à toute épreuve, il ne connait ni crainte ni danger, et, dût-il périr dans la lutte, il s'élance avec intrépidité, et ne cesse de combattre pour son maître qu'en cessant de vivre.

Du croisement du chien de berger et du mâtin de forte race est sorti le *chien de montagne*, que l'on emploie à la garde des troupeaux dans les régions montagneuses. Ce robuste et courageux animal ne craint pas de combattre les loups, et même les ours, et, s'il est armé d'un fort collier à pointes de fer, il sort souvent vainqueur du combat.

C'est à la race du chien de montagne qu'appartient le *chien des Alpes*, que les moines du mont Saint-Bernard ont dressé à aller à la recherche des voyageurs égarés dans les neiges, à les guider par ses aboiements, à leur porter des secours et à les arracher aux dangers qui les menacent. Le chien du mont Saint-Bernard semble comprendre toute l'importance de sa pieuse mission, et il s'en acquitte avec une intelligence et un zèle admirables.

Le *chien de Terre-Neuve*, forte race américaine, à longs poils soyeux, est aimant et fidèle et très-intelligent. Ce chien est doué d'un instinct particulier pour braver la fureur des flots et retirer de l'onde les personnes ou les objets naufragés. Il rend au bord des eaux les mêmes services que le chien du mont Saint-Bernard dans les neiges. Il est à regretter que l'on ne se soit pas attaché à multiplier en France cette espèce si utile, qui est devenue très-commune en Angleterre, où elle rend de grands services.

Tous les peuples, même les plus misérables et les moins civilisés, ont leurs races de chiens; mais ces animaux sont bien inférieurs aux nôtres en intelligence. Dans les climats glacés du Nord, où l'homme est privé des bienfaits de la civilisation, le chien est à demi sauvage. Au Groënland, au Kamtschatka, les chiens sont grossiers, rudes et stupides; les habitants ne s'en servent que pour tirer leurs traîneaux, auxquels ils les attellent au nombre de quatre ou six; ils ne peuvent en obtenir aucun autre service, et les laissent errer en liberté pendant l'été. Ces chiens, mal nourris, mal soignés comme les hommes, montrent aussi peu de fidélité que d'intelligence; ils sont le plus souvent sourds à la voix de leurs maîtres, auxquels ils disputent leur nourriture, et leur sont asservis mais non attachés. Ces chiens n'ont même plus l'aboiement, qui est le langage du chien civilisé; et font entendre un hurlement prolongé comme le loup.

Le chien, comme vous le savez, est parfois atteint d'une maladie terrible, la *rage* ou *hydrophobie*, qui le rend un objet de terreur pour les populations, car il communique ce mal aux autres chiens et à l'homme lui-même par sa morsure. La rage se déclare plus fréquemment chez les chiens des villes que parmi ceux de nos campagnes : on l'attribue communément aux chaleurs de l'été, à la faim, et surtout à la soif; mais cette affreuse maladie est évidemment due à d'autres causes, comme j'en ai acquis la certitude dans mes voyages. Et d'abord, si la rage avait pour causes l'excessive chaleur et la soif, on devrait certainement voir beaucoup plus de chiens enragés dans les pays chauds que partout ailleurs, et pendant l'été plutôt que dans toute autre saison. Or, il n'en est pas ainsi. J'ai vu dans certaines villes d'Égypte et de l'Orient les rues encombrées de chiens errants qu'on n'y détruit jamais;

dans l'été, la chaleur y devient insupportable, et les citernes sont toutes desséchées : on voit alors ces pauvres animaux mourir par centaines de chaleur, de soif et de faim, mais jamais on n'en voit un seul devenir enragé. De savants médecins, pour rechercher la cause de cette maladie, afin de pouvoir la prévenir, ont enfermé de pauvres chiens qu'ils ont laissés mourir de faim et de soif, et pas un seul n'est devenu enragé. En outre, on a constaté que le nombre des chiens atteints d'hydrophobie était moins grand pendant les fortes chaleurs de l'été qu'au commencement du printemps et à la fin de l'automne. La faim et la soif ne sont donc pas plus des causes du développement de la rage que la chaleur. La véritable cause qui produit cette maladie est bien plutôt dans une privation absolue de la liberté, qui les empêche d'obéir au vœu de la nature en se reproduisant. Cela explique pourquoi cette maladie est plus commune chez les chiens des villes, qui vivent presque toujours enfermés, que parmi ceux des campagnes, qui jouissent d'une certaine liberté.

Lorsque le chien est atteint de la rage, il devient triste et morose ; sa démarche est chancelante ; sa queue serrée entre les jambes ; il a l'œil rouge et hagard, la gueule écumante ; il refuse de manger, et surtout de boire. Alors, comme s'il avait conscience de son état, il fuit la maison de son maître ; puis, poussé par la fureur, il se jette indistinctement sur tous ceux qu'il rencontre, bêtes et gens. Un moyen sûr de reconnaître si un chien est enragé est de l'enfermer en lui donnant à boire et à manger : s'il est atteint de la rage, il mourra au bout de quelques jours sans avoir pu faire de mal ; dans le cas contraire, il continuera à se bien porter, et l'on n'aura pas à regretter sa perte.

Chez l'homme mordu par un chien enragé, la plaie se ferme et la santé du blessé ne semble éprouver d'abord aucun dérangement manifeste ; mais, au bout d'un mois, quelquefois de deux ou même plus, des accidents de plus en plus graves se déclarent. Le malade éprouve dans ses plaies des douleurs aiguës, qui bientôt gagnent tout le corps ; il devient triste et irritable ; son sommeil est troublé par des rêves effrayants ; la gorge se resserre ; il étouffe et éprouve une soif ardente ; puis il est pris de convulsions, qui deviennent de plus en plus violentes et rapprochées ; il est en proie à des accès de fureur pendant lesquels il déchire, frappe et mord tout ce qu'il trouve à sa portée ; une grande faiblesse et des sueurs abondantes succèdent à ces accès ; puis la mort vient enfin terminer ces horribles souffrances. Cet affreux tableau montre à quoi s'exposent ceux qui, par négligence ou par peur, refusent de se soumettre au traitement nécessaire pour éviter les suites de la morsure d'un chien enragé.

Les premiers soins à donner au blessé consistent à détruire, autant que possible, la cause matérielle de la rage, c'est-à-dire le germe ou la bave empoisonnée que l'animal introduit dans les chairs par sa morsure. Il faut laver avec soin la partie mordue, la faire saigner en la pressant, y appliquer, si l'on peut, des ventouses, des sangsues, puis cautériser la plaie avec un caustique tel que le beurre d'antimoine, la pierre infernale, ou, mieux encore, avec un fer rougi au feu, et il vaut mieux brûler trop que trop peu. Ces précautions sont absolument nécessaires, et il ne faut pas trop les différer ; car, au bout d'un certain temps, le virus se développe et ne laisse plus que bien peu de chances de guérison.

Le cheval.

Moins intelligent et moins fidèle que le chien, le cheval n'en est pas moins l'un des animaux les plus utiles à l'homme. Remarquable par la beauté de ses formes et la perfection de ses sens, il acquiert par l'éducation des qualités précieuses. Il est fier et courageux à la guerre, plein d'ardeur à la chasse, calme et patient aux champs. C'est par lui que l'homme a pu établir au loin des relations avec les autres peuples; c'est à sa force et à sa légèreté que son maître a dû de pouvoir diminuer les distances, de transporter et d'échanger ses produits, et le premier, sans doute, il l'a aidé à défricher la terre qui le nourrit.

Le cheval ne manque pas d'intelligence, et il est très-éducable; il montre de l'affection pour celui qui le soigne et le nourrit, mais il n'a pas l'attachement du chien, et, s'il reconnaît son maître et hennit de plaisir à son approche, il l'oublie dès qu'il ne le voit plus. Le cheval est pour l'homme un serviteur, mais non un ami.

La domestication du cheval remonte à la plus haute antiquité; le chien, et peut-être l'âne, l'ont seuls précédé. Mais combien de soins et de peines son éducation a dû coûter à l'homme! Ce n'est plus ici, comme le chien, un animal que tous ses instincts portent vers l'homme, et dont l'affection est le plus grand besoin; c'est un animal plein de fougue, d'énergie, et qui semble par-dessus tout aimer la liberté. Les mœurs des chevaux sauvages peuvent nous instruire à ce sujet. Le cheval existe peut-être encore à l'état sauvage dans les vastes plaines de l'Asie, d'où il est originaire; quant à ceux que l'on rencontre par troupes considérables dans les immenses pampas de l'Amérique, ce sont des chevaux domestiques qui ont abandonné l'homme pour vivre en liberté; ils offrent d'ailleurs la même uniformité de mœurs et d'habitudes, les instincts naturels de l'animal ayant repris le dessus. Le cheval sauvage diffère un peu de nos races domestiques; il a la tête plus grosse, les oreilles moins fines, le poil plus long et plus crépu; sa couleur est communément le bai châtain. Avec sa liberté, il a acquis une force, une énergie, une agilité bien plus grandes, et ses sens sont d'une finesse remarquable. Des troupes nombreuses de ces chevaux parcourent les immenses plaines désertes de l'Amérique et marchent en colonnes serrées sous la conduite d'un vieux mâle. Si quelque caravane, si quelque troupe de cavalerie passe dans leur voisinage, les chevaux sauvages s'en approchent, tournent autour et invitent, par des hennissements graves et prolongés, les chevaux domestiques à la désertion. Ils réussissent souvent à en entraîner, et les chevaux transfuges s'incorporent à la troupe et ne la quittent plus. Les habitants de ces contrées s'exercent à la chasse de ces animaux, qu'ils poursuivent à travers les rochers, les marais et les bois, et qu'ils prennent au moyen du *lasso*, sorte de corde longue de 10 à 12 mètres, terminée par des boules de plomb, qu'ils lancent avec beaucoup d'adresse autour du cou ou des jambes du cheval sauvage. On dompte ces animaux par la faim, et on les rend dociles au moyen du fouet, du mors et de l'éperon; mais, à la première occasion, ils retournent à la liberté. Quant aux chevaux sauvages de l'Asie, ils sont d'un naturel encore plus farouche et ne peuvent être domptés que dans leur jeunesse.

Le cheval domestique n'est que le cheval sauvage modifié et travaillé depuis des siècles, et façonné à tous les besoins, à toutes les exigences de la vie sociale. S'il a perdu de sa vigueur, de sa fougue, de son agilité, il a gagné des habitudes nouvelles, des qualités brillantes et solides; il est devenu plus doux, plus élégant, plus beau de formes, plus apte à supporter les fatigues. Le cheval est un animal précieux dans toute exploitatiou rurale et la source d'un produit considérable, puisqu'il est un objet de luxe aussi bien que d'utilité.

Ceux qui élèvent des chevaux doivent veiller avec le plus grand soin à leur éducation, car c'est elle seulement qui dompte le cheval et en fait un animal utile ; sa force, sa beauté, et par conséquent sa valeur, dépendent en partie des soins qu'on lui donne. Aucun animal n'est plus sensible aux mauvais traitements, et c'est à la brutalité, à la négligence, à l'incurie dont on use trop fréquemment envers lui que nous devons attribuer le dépérissement et l'infériorité de nos races chevalines.

Le poulain naît couvert de poils, les yeux ouverts, et déjà ses jambes ont assez de force pour le soutenir et lui permettre de marcher. Il tette environ un an ; mais, pour qu'il devienne vigoureux, il est bon de le séparer de sa mère au bout de sept à huit mois. Lorsqu'on veut sevrer le poulain, on lui donne d'abord du son, puis du foin en petite quantité, en augmentant la ration insensiblement ; mais il faut lui interdire l'avoine pendant les deux premières années. On ne doit pas le conduire au pâturage à jeun, et, lorsqu'on le mène paître, il faut lui donner du son et le faire boire une heure avant. Il est bon de lui faire prendre tous les jours un exercice modéré qui puisse développer ses membres sans le fatiguer ; mais on ne doit pas le mettre au travail avant l'âge de trois ou quatre ans, et celui-ci doit être proportionné à ses forces et n'être augmenté que peu à peu. Pour vouloir tirer trop tôt parti d'un animal, et pour exiger de lui plus qu'il ne peut donner, on l'épuise, et l'on fait souvent ainsi d'un poulain de bonne race un mauvais cheval. Cette manière d'agir est non-seulement inhumaine, mais contraire au bon sens et à l'intérêt, car un mauvais cheval coûte autant qu'un bon à nourrir, et la différence des services qu'ils peuvent rendre est immense. Après avoir tué un cheval de fatigue, il faut en acheter un autre, et l'on n'a qu'un surcroît de dépense là où l'on recherchait une économie.

Il est nécessaire au cultivateur d'avoir certaines connaissances qui lui permettent de reconnaître les qualités et les défauts d'un cheval. Voici ce que m'ont appris de plus certain la théorie et la pratique; tâchez d'en faire votre profit: d'abord la dentition suit une marche assez uniforme pour permettre de juger presque avec certitude

Cheval percheron.

de l'âge de l'animal jusqu'à une certaine époque. Quinze jours après la naissance du poulain, les dents de devant commencent à lui pousser; ces dents de lait tombent, et celles qui leur succèdent marquent l'âge du cheval: ce sont les dents incisives, au nombre de six en haut et en bas; elles ont dans la jeunesse leur couronne creusée d'une fossette qui s'efface lorsque le cheval devient vieux. Les plus extérieures de ces dents de chaque côté, et tant en haut qu'en bas, où les *coins*, comme on les appelle, ont leur fossette plus creuse et marquée d'une tache noire. Après ces dents incisives viennent deux petites canines à la mâchoire supérieure des mâles, mais elles manquent presque toujours aux femelles; les grosses dents molaires

sont partout au nombre de six : entre celles-ci et les petites canines ou les coins, lorsque ces dernières manquent,
est un espace vide qu'on nomme la *barre*, qui répond à
l'angle des lèvres, et où l'on place le mors. A quatre ans
et demi, les coins ne débordent presque pas au-dessus de
la gencive et le creux est fort sensible ; à six ans et demi,
il commence à se remplir et la marque noire est aussi
diminuée, et ces marques s'amoindrissent de plus en plus
jusqu'à sept ans et demi ou huit ans, âge auquel le creux
est tout à fait rempli et la marque noire effacée. Lorsqu'on ne peut plus connaître l'âge du cheval par les coins,
les crochets ou canines donnent encore quelques indices ;
jusqu'à six ou sept ans, ces dents sont courtes et fort pointues ; à dix ans, elles sont émoussées, usées et longues,
parce que la gencive se retire. Passé dix ans, les dents
ne marquent plus ; on examine alors s'il n'y a pas près
des sourcils quelques poils blancs : c'est une marque de
vieillesse. Le cheval vit en moyenne de vingt à vingt-cinq
ans. Un bon cheval doit avoir la tête sèche et bien placée ;
les oreilles petites et rapprochées ; les yeux grands et
proéminents ; l'encolure relevée, tranchante près de la crinière et sans saillie en avant ; le poitrail large ; les jambes de devant bien parallèles et grosses par le haut ; le
genou large ; le canon et le tendon présentant une grande
surface latérale ; le paturon court et ferme ; le sabot droit,
uni et creux par-dessous ; le dos horizontal ; le corps arrondi depuis les palerons jusqu'aux reins ; les flancs bien
remplis ; les hanches peu élevées ; les reins larges ; la
croupe arrondie ; les jarrets forts. Les jambes de derrière
ne doivent être ni trop rapprochées ni trop écartées par
le bas.

C'est par le croisement, c'est par l'alliage des individus
doués plus particulièrement de certaines qualités, qu'on
est parvenu à obtenir des races particulières propres aux

différents besoins. Ainsi, les unes se font remarquer par l'élégance de leurs formes, les autres par la rapidité de leur course, celles-ci par la masse de leur corps et par leur force musculaire, celles-là par une taille plus ou moins élevée. Il faut choisir, dans chaque race, les individus doués des qualités les plus parfaites et les allier entre eux. Il en est de même pour les autres animaux domestiques. C'est grâce aux soins qu'ils apportent dans les croisements que les Anglais obtiennent de si belles races d'animaux.

Cheval de course anglais.

Quoique assez recherché pour sa nourriture, le cheval se contente cependant des herbes les plus communes lorsqu'il y est habitué de bonne heure, mais il préfère les pâturages secs qui lui donnent du nerf et de la vigueur. On le nourrit à l'écurie avec du foin, de la luzerne, du trèfle, de l'avoine. En Allemagne, on lui donne du foin et de la paille hachée très-menue; en Espagne, on lui donne de l'orge, qui est très-nutritive. Il faut, d'ailleurs, une nourriture d'autant plus abondante et substantielle qu'on exige des animaux des travaux plus longs et plus pénibles.

L'âne.

L'âne est un être calomnié et méconnu; c'est le plus maltraité de tous les animaux domestiques; continuellement il est en butte au mépris et à la brutalité de tous.

Et pourquoi? — Qu'a-t-il fait pour mériter le sort rigoureux qu'on lui fait? — Est-ce parce qu'il n'offre pas les qualités du cheval? — Mais pourquoi lui demander ce que la nature ne lui a pas donné? Pourquoi oublier qu'il est âne?

S'il est inférieur au cheval par l'intelligence et l'éducabilité, s'il n'a pas son ardeur, sa fierté, l'âne a cependant des qualités non moins précieuses et que le cheval n'a pas. S'il ne court pas aussi vite, aussi longtemps que lui, son extrême patience, sa persévérance dans le travail, sa résignation à supporter de longues fatigues et de pénibles privations, sa sobriété excessive, devraient lui mériter plus de soins, plus d'égards qu'on ne lui en accorde généralement. Son entretien coûte fort peu; il se contente des plantes les plus dures, les plus désagréables, que repoussent les autres bestiaux; la paille hachée menu est pour lui un véritable régal.

On donne au cheval de l'éducation, on l'étrille, on le soigne, tandis que l'âne, abandonné à la brutalité, à la malpropreté, ne peut que perdre au lieu de gagner; et, s'il n'avait, par lui-même, un grand fonds de bonnes qualités, il les perdrait, en effet, par la manière dont on le traite. On ne le conduit que le bâton à la main, on le surcharge, on l'excède, et l'on s'étonne, on l'accuse d'entêtement lorsqu'il refuse de marcher sous le poids qui l'écrase. S'il se roule sur le gazon et les chardons, c'est pour se débarrasser des saletés dont il est couvert, et comme pour reprocher à son maître le peu de soins qu'on prend de lui.

L'âne d'Europe.

L'âne est prudent, ce qui fait qu'il a le pied très-sûr ; il a des sens excellents, et il est très-susceptible d'éducation. Il s'attache facilement à son maître lorsqu'il en reçoit de bons traitements ; il le sent de loin, le distingue de tous les autres hommes, et manifeste sa joie d'une façon bruyante lorsqu'il s'approche de lui. Aussi est-ce fort injustement qu'on a fait de lui le symbole de l'ignorance.

Il existe, en Orient, une race d'ânes à laquelle on donne des soins particuliers ; ce sont, au dire des voyageurs, de fort jolies bêtes dont on ne se sert que comme montures : leur allure est fort douce, et si rapide qu'il faut un cheval au galop pour les suivre.

On trouve en Asie des ânes sauvages, auxquels on donne

le nom d'*onagres*; ils se réunissent, comme les chevaux sauvages, en troupes nombreuses sous la conduite d'un chef. Ces animaux sont plus grands, plus vigoureux, plus agiles que nos ânes domestiques, ce qui semble prouver que la race en est dégénérée faute de soins.

L'âge de l'âne se connaît aussi par les dents; les dernières incisives ou coins le marquent comme dans le cheval.

Le mulet.

Du croisement de l'âne avec la jument est résulté le mulet; il a la taille, l'encolure, les belles formes de sa mère, mais il a conservé de son père les longues oreilles et la queue presque nue.

Comme l'âne, il est très-sobre et peu délicat sur le choix de sa nourriture; comme lui, il est patient et porte de lourds fardeaux; mais il n'est pas aussi endurant, et se venge des mauvais traitements à coups de pied et de dents.

Le mulet est préférable au cheval dans les pays de montagnes; il est plus prudent et a le pied plus sûr: aussi l'emploie-t-on presque exclusivement dans les Pyrénées et les Alpes. C'est dans le département des Deux-Sèvres que se trouve la souche des plus beaux et des meilleurs mulets connus; ceux que l'on emploie en Espagne et en Italie en sont originaires.

Le mulet vit plus longtemps que le cheval et l'âne : il atteint quarante et même cinquante ans. Il prospère dans tous les climats, dans les pays de plaine comme dans les régions montagneuses; mais il n'aime pas l'humidité, et les pâturages marécageux lui sont très-nuisibles, surtout durant son premier âge.

La mule n'est pas absolument stérile, comme on l'a

souvent dit, elle peut se reproduire avec le cheval et l'âne; mais c'est la race elle-même qui est frappée d'infécondité et ne peut se perpétuer par ses femelles au delà de la troisième ou quatrième génération. Ses produits sont, d'ailleurs, toujours inférieurs à ceux de l'âne et de la jument.

On donne le nom de *bardeau* au produit du cheval et de l'ânesse. Il est plus petit que le mulet et n'a point ses formes élégantes; il a la tête plus longue, les oreilles plus courtes et la queue beaucoup moins nue que l'âne. Il est aussi beaucoup moins vigoureux et moins ardent que le mulet.

ANIMAUX DOMESTIQUES.

(SUITE.)

LE BŒUF, LE MOUTON, LA CHÈVRE ET LE COCHON.

Le bœuf.

Si l'on considère les animaux chacun dans ses rapports habituels avec l'homme des champs, le bœuf devra incontestablement occuper la première place, comme étant le plus utile à l'agriculture. Le riche réclamerait en faveur du cheval qu'il associe à ses plaisirs, le pauvre, en faveur de la vache qui le nourrit. Quoi qu'il en soit, le bœuf est l'animal le plus utile à l'homme, pendant sa vie et après sa mort. Au joug et au chariot il rend les mêmes services que le cheval, et, s'il est plus lent, ce qui d'ailleurs vaut mieux pour le service de la charrue, il est aussi plus vigoureux et plus sobre. Dès qu'il vieillit, on l'engraisse pour la boucherie, car sa chair excellente est le principal aliment, après le pain, des habitants des villes. Sa peau, sa graisse, ses cornes, et jusqu'à ses os, tout est utilisé et d'une haute importance dans les arts industriels. Le lait de la vache a des emplois aussi nombreux que variés, et il est souvent l'unique ressource des pauvres familles de cultivateurs

Le bœuf est donc le domestique le plus utile de la ferme;

il fait toute la force de l'agriculture, et devrait être la principale richesse du cultivateur.

Comparé au chien et au cheval, le bœuf paraît lourd et inintelligent, mais il sait se tirer d'un mauvais pas aussi bien et peut-être mieux que le cheval, et c'est faire un mauvais calcul que le remplacer par ce dernier pour la culture des terres. La marche uniforme et douce du bœuf, son effort continu, constant et infatigable, est préférable ici à la vivacité et à la fougue du cheval, qui est d'ailleurs moins fort et se fatigue plus promptement. D'un autre côté, le travail du bœuf revient moins cher que celui du cheval, son prix d'achat est moins élevé, il se contente d'une nourriture moins délicate, et améliore les pâturages sur lesquels on le conduit habituellement, tandis que le cheval les appauvrit. La raison en est que ce dernier, ayant des dents incisives à la mâchoire supérieure comme à l'inférieure, peut choisir les herbes fines, qu'il coupe au ras du sol, laissant les plantes grossières, qui, par leur croissance, étouffent les premières et envahissent promptement le terrain. Le bœuf et la vache, qui n'ont des incisives qu'à la mâchoire inférieure et dont les lèvres sont épaisses, ne peuvent choisir les herbes les plus fines ni les couper de si près; ils sont obligés de manger tout ce qui se présente, et débarrassent ainsi le terrain des mauvaises herbes, ce qui, joint au fumier qu'ils produisent, améliore considérablement les prairies et les pâturages. — Il est bon cependant de débarrasser le terrain, autant que possible, avant d'y mettre les bœufs, de quelques plantes qui leur sont très-nuisibles, principalement des colchiques, des euphorbes, des glayeuls, des éclaires, des laiches, des ciguës, des œnanthes, des ivraies, des renoncules, des jusquiames, dont plusieurs ont des propriétés vénéneuses très-prononcées. — Lorsque le bœuf a travaillé pendant sept ou huit ans, c'est-à-dire de trois à dix ou onze ans, on peut l'engraisser et le vendre pour la boucherie. Tout l'avantage est donc du côté du bœuf pour les travaux agricoles, et, dans les pays où les labours ne s'exécutent qu'avec des bœufs, le peuple est mieux nourri et à meilleur marché.

En France, où les bestiaux sont généralement mal nourris et mal soignés, on n'obtient que des races inférieures et peu nombreuses; aussi la viande y est-elle chère et, par conséquent, d'un usage très-rare parmi les cultivateurs; le lard est à peu près la seule viande usitée dans les hameaux.

Mais, si l'on multipliait le bétail par des soins intelligents, la viande du bœuf arriverait bientôt à coûter moins que celle du porc, et offrirait une alimentation beaucoup plus saine aux populations rurales. C'est ce qui a lieu en Angleterre, en Flandre et dans d'autres pays, dont le sol n'est pas plus fertile que le nôtre, mais où il est cultivé par des hommes plus instruits que nous dans leur utile profession.

Bien nourrir le bétail coûte, mais le mal nourrir coûte bien plus cher encore. Vous ne donnez le plus souvent à vos bœufs que des herbes grossières, de mauvais foin, des feuilles même; puis, au printemps, lorsqu'ils ont besoin de se refaire des privations de l'hiver, vous les tenez éloignés des prairies : aussi trouve-t-on, dans presque toutes nos campagnes, des bestiaux faibles et chétifs.

Il n'en est pas ainsi en Suisse, où on laisse les troupeaux paître en liberté la verdure abondante et parfumée des montagnes; les animaux y sont une fois plus gros, plus dociles et plus intelligents. J'ai lu dans des récits de voyages que les Indiens, qui poussent jusqu'à la vénération leur amour pour les animaux, en obtiennent des services beaucoup plus grands que nous ne pouvons en obtenir des nôtres. Ces bœufs indiens deviennent si dociles

qu'on les conduit plus aisément que des chevaux ; on s'en
sert souvent comme montures, et il ne faut que la voix de
leur maître pour les diriger et les faire obéir. On les soigne,
on les caresse, on les panse ; on leur donne une nourriture abondante et choisie, et, bien qu'ils soient de la même
espèce, ces animaux, élevés ainsi, paraissent d'une autre
nature que nos bœufs, qui ne nous connaissent que par nos
mauvais traitements ; l'aiguillon, le bâton, la disette, les
rendent stupides, récalcitrants et faibles. Nous ne com-
prenons pas assez que, pour nos propres intérêts, il faudrait mieux traiter les êtres qui dépendent de nous. Par
les bons traitements, on rend la bête affectionnée, sensible, intelligente ; elle fait ici par amour ce qu'elle ne fait là
que par la crainte.

Le bœuf n'est pas aussi stupide qu'on veut bien le dire,
et il est très susceptible d'attachement pour l'homme qui
le traite bien. Je pourrais en citer des preuves nombreuses ; je me contenterai de celle-ci :

Un peu au-dessus de Lyon, le Rhône forme, dans sa
course rapide, des îles assez considérables où l'on mène
paître de nombreux troupeaux de bœufs. Ces animaux
sont conduits par des enfants, qui traversent les différents bras du fleuve assis entre les deux cornes d'un
bœuf.

M'étant un jour assis sur le penchant du coteau pour
jouir de la beauté de ce tableau, des enfants qui jouaient
ensemble dans le bas, près du fleuve, se prirent de dispute ; des menaces ils en vinrent aux coups, et le plus
faible se mit à jeter les hauts cris. Un des bœufs qui pais-
saient dans l'île la plus rapprochée lève aussitôt la tête,
écoute un moment, puis se jette à la nage. Arrivé sur le
rivage, il s'approche des enfants, qu'il écarte du vaincu,
et, baissant la tête, pour que celui-ci puisse y monter,
il l'emporte et le dépose dans l'île où il paissait ; puis,

il s'écarte de l'enfant et se remet à brouter tranquillement.

Etonné de ce fait, je m'approchai des autres enfants, qui me dirent que celui que le bœuf avait emporté était le vacher qui prenait soin de l'animal. Curieux de questionner l'enfant lui-même, je l'appelai, lui promettant ma protection et une récompense. Il remonte sur la tête de son bœuf, traverse le fleuve, arrive, et me dit qu'il a vu naître son *bardais* (c'est ainsi qu'il le nommait), qu'ils ont toujours couché à côté l'un de l'autre, qu'il en a bien soin, et que souvent il partage son déjeuner avec lui. Il ajoute dans son patois, en le caressant et en l'embrassant : «Va, bardais, ton michi te baillera une bonne lavaille pour l'avoir garanti des coups qu'ils voulaient lui bailler. ». — Je lui donnai alors pour récompense une petite pièce de monnaie. Étonné de se voir tant d'argent, il se retourne du côté de son bœuf qui l'attendait patiemment : « Tiens, bardais, m'n ami, lui dit-il en lui montrant la pièce, vla de quoi t'acheta de la miche pour longtimps. »

La taille et la force du bœuf varient considérablement; elles tiennent à la race dont il sort et à l'abondance des pâturages sur lesquels il a passé ses premières années; le climat y influe également. Les bœufs des pays très-chauds et ceux des pays très-froids sont plus petits et plus faibles que ceux des régions tempérées.

Le bon cultivateur s'applique à propager les races qui offrent les qualités les mieux appropriées à ses besoins, et il perfectionne et développe encore ces qualités par des croisements bien entendus.

Le bœuf de travail doit surtout présenter une charpente osseuse solide, un corps étoffé et ramassé, une large poitrine, une forte épine dorsale. Le bœuf d'engraissement doit avoir la tête et les os petits, le corps long et large, bien voûté, les jambes courtes, la peau lâche et le tempérament doux. Un signe certain de santé, c'est le luisant de son poil épais et doux au toucher; les bonnes qualités du bœuf sont d'ailleurs indépendantes des couleurs de sa robe : que celle-ci soit fauve ou noire, rouge, grise, blanche ou mouchetée, le bœuf sera propre à tous les besoins de la ferme s'il est bien nourri, tenu dans une étable bien aérée et spacieuse, s'il est traité avec douceur, s'il reçoit, en un mot, tous les soins que réclament les nombreux services qu'on en exige.

L'âge du bœuf se reconnaît à ses dents incisives et à ses cornes. A dix mois, il perd les deux incisives du milieu ou pinces, celles qui les remplacent sont plus larges; six mois après, les deux dents de lait voisines des pinces tombent pareillement et sont remplacées comme celles-ci. Toutes les dents de lait sont renouvelées à trois ans; elles sont alors égales, longues et blanches; mais, à mesure que l'animal vieillit, elles s'usent, deviennent inégales et noires. Après la troisième année, ce sont les cornes qui donnent l'âge du bœuf; chaque année il s'y forme à la base un nouveau bourrelet, de sorte que plus il y aura de bourrelets aux cornes et plus l'animal sera vieux.

Le taureau.

Le taureau sert principalement à la propagation de l'espèce; il doit être choisi, comme le cheval étalon, parmi les plus beaux; il doit être fort, bien fait et en bonne chair; il doit avoir l'œil noir, le front ouvert, la tête brève, les cornes grosses et courtes, les oreilles longues et velues, le mufle large, le cou charnu et gros, la poitrine large, le dos droit et ferme, les jambes grosses et charnues.

La vache est encore peut-être plus utile que le bœuf; quoique moins forte et demandant plus de ménagements, elle peut rendre les mêmes services comme travail; sa chair est moins bonne, mais elle fournit du lait, aliment sain et agréable dont on tire le beurre et le fromage, nourriture la plus ordinaire des habitants de la campagne. Que de pauvres familles vivent presque exclusivement de leur vache !

Une bonne vache laitière a d'ordinaire une physionomie douce et tranquille, la tête petite, la peau fine et souple, la charpente osseuse, légère, le pis et les veines qui y aboutissent bien développés, et une apparence de maigreur plutôt que d'embonpoint; la couleur et les formes n'y sont pour rien.

La nourriture et la manière de la distribuer ont une grande influence sur le produit des vaches; en été, le meilleur lait est produit par les trèfles, le seigle vert et l'herbe des prés; en hiver, par le foin, le regain, les trèfles secs et les pommes de terre cuites. Des plantes aromatiques en petite quantité, comme le thym, le cumin des prés, les racines de persil, les baies de genièvre, mêlées au fourrage, stimulent l'appétit des vaches et parfument leur lait. Le sel, mêlé aux aliments, plait aussi beaucoup aux bestiaux.

La vache produit habituellement son premier veau de deux ans et demi à trois ans; lorsqu'on veut obtenir beaucoup de lait, on ne conserve les veaux que pendant quatre à six semaines; mais si l'on destine ces derniers à la boucherie, il faut les garder jusqu'à deux ou trois mois.

Une bonne vache laitière donne ordinairement de 20 à 24 litres de lait par jour; quelques-unes même en donnent jusqu'à 40 litres. Tous les vases destinés à recevoir et à conserver le lait doivent être lavés chaque jour à l'eau chaude et ne servir qu'à cet usage; sans cela le lait s'aigrit, et le beurre et le fromage qui en proviennent sont toujours d'une qualité inférieure.

Une des causes pour lesquelles le beurre est souvent d'un goût désagréable, c'est que, dans beaucoup de fermes, on ne bat la crème qu'après huit jours de conservation; elle s'aigrit et communique un mauvais goût au beurre qui en est formé.

Le fromage est le produit du lait qu'on a fait cailler, puis égoutter dans des moules criblés de trous. Pour faire cailler le lait, on y délaye de la *présure*, substance qu'on trouve dans la partie de l'estomac du veau qu'on nomme *caillet*.

Le mouton.

Le mouton nous offre un des exemples les plus extraordinaires des changements que peuvent amener dans la nature des animaux les influences du climat, de la nourriture et de l'esclavage. Le mouton est, en effet, le plus timide, le plus craintif, le plus stupide de nos animaux domestiques; telle qu'elle est, la race entière périrait bientôt si elle était abandonnée à elle-même; elle ne peut se passer de la protection de l'homme. Il est donc certain que Dieu ne l'a pas créée telle que nous la voyons aujourd'hui, mais que c'est entre nos mains qu'elle a dégénéré, qu'elle a perdu tous ses instincts naturels. — Il existe, en effet, dans les montagnes de la Grèce, de la Corse et de l'Espagne, des moutons ou béliers sauvages d'une nature bien différente de celle de nos moutons domestiques; ils sont plus grands, plus vigoureux, légers et rapides comme le cerf, et couverts, au lieu de laine, d'un-poil soyeux. Ils

Mouflon de Corse.

savent se servir de leurs cornes et de leurs pieds pour leur défense, et ne craignent ni l'inclémence de l'air ni la voracité du loup. Quelle différence avec nos moutons, si indolents, si faibles, à démarche si lente, à formes si ramassées, auxquels il reste à peine la faculté d'exister en troupeau! Le moindre bruit les effarouche; on les voit se précipiter, se serrer les uns contre les autres; ils n'ont même pas l'instinct de fuir le danger, et sans le berger, sans le chien qui les guide, ils resteraient, sans bouger, à la pluie, à la neige, et périraient sans songer à chercher un abri.

Aucun animal n'est plus modifiable que le mouton; aucun ne subit à un plus haut degré l'influence de la nourriture et du climat. L'abondance des herbes et leur qualité substantielle influent non-seulement sur sa santé et sur la qualité de sa chair, mais encore sur celle de sa toison. Pour en citer un exemple, il existe en Asie une race qui, à cause du volume extraordinaire que prend sa queue, a reçu le nom de *mouton à grosse queue d'Asie.* Cette queue est une loupe graisseuse dont le volume et le poids atteignent des proportions telles qu'on est obligé souvent de les atteler à une petite brouette pour supporter cette masse; leur laine est fine, longue et fournie. Mais ce mouton, transporté dans les herbages secs et amers des steppes de la Sibérie, perd complétement la loupe graisseuse de sa queue, et celle-ci se réduit à un appendice court et grêle; en outre, la laine de sa toison, de longue et fine qu'elle était, devient courte et serrée.   -

Nos brebis, transportées dans les contrées chaudes de l'Amérique, éprouvent des changements non moins singuliers: si la main de l'homme ne touche pas à leur toison, la laine s'épaissit, se feutre et finit par tomber par plaques, pour faire place à un poil court et brillant comme celui du mouton sauvage ou mouflon, et, dans les places où ce poil a paru, la laine ne renaît jamais.

Mais, tel qu'il est, cet animal si chétif en lui-même, si dépourvu de sentiment, est pour l'homme l'un des plus utiles, car il fournit abondamment à ses besoins de première nécessité. Il lui donne à la fois de quoi se nourrir et se vêtir, sans compter les avantages que retire l'industrie de son suif, de sa peau et même de ses os.

Le *mouton mérinos,* ou mouton d'Espagne, si précieux pour sa laine fine et moelleuse, avec laquelle on fabrique des draps superfins, est aujourd'hui naturalisé en France, où il donne d'aussi belle laine qu'en Espagne.

Il existe d'ailleurs une infinité de races provenant de croisements variés. Ainsi, l'on peut à son gré abaisser ou élever la taille, diminuer ou augmenter le poids de la charpente osseuse, affiner la toison ou la rendre plus grosse, la raccourcir ou l'allonger. Il suffit pour cela de choisir toujours, pour les accoupler, les individus les plus parfaits ou qui possèdent au plus haut degré les qualités que l'on veut développer, et, comme le mâle parait avoir une plus grande influence que la femelle sur les caractères que présentent les agneaux, il faut surtout s'attacher au choix du bélier.

Mouton de Mauchamps.

Celui-ci doit être fort, robuste, avoir la tête grosse, l'œil vif, les gencives rouges, le cou épais, les cornes bien développées, la toison fine et longue.

Dans presque tous les pays tempérés, comme la France, on choisit ordinairement, pour la reproduction, les mois d'octobre et de novembre, parce que les brebis, portant cinq mois, mettent bas en mars et avril, époque à laquelle l'herbe nouvelle, tendre et abondante, convient le mieux à la nourriture des jeunes agneaux et de leurs mères.

Les brebis avortent facilement; aussi exigent-elles, lorsqu'elles sont pleines, des soins particuliers; il faut les bien nourrir, les préserver des intempéries et de toute fatigue. On sèvre les agneaux à deux mois ou deux mois et demi, selon leur force; avant de les priver complétement du lait de leur mère, il faut les accoutumer à prendre à la bergerie de la nourriture en fourrage choisi, en son, et n'effectuer le sevrage que peu à peu et par gradation

Trois semaines ou un mois après leur naissance, on choisit les agneaux mâles les plus vigoureux comme béliers, et l'on fait des autres des moutons. Le mouton est, comme le bœuf, un mâle privé, par la castration, de la faculté de se reproduire.

Mouton de Southdown.

Les moutons n'ont de dents incisives qu'à la mâchoire inférieure; un bourrelet cartilagineux en tient lieu à la mâchoire supérieure.

C'est par ces incisives que l'on reconnaît l'âge des bêtes à laine; la première année, il en paraît huit, ce sont les dents de lait; la seconde année, les deux dents du milieu ou pinces tombent, et sont remplacées par deux plus larges; la troisième année, les deux suivantes tombent à leur tour, et sont remplacées par deux larges, en sorte qu'il y a alors quatre dents larges et quatre de lait; la quatrième année, les troisièmes incisives de chaque côté éprouvent le même sort; enfin, les deux coins ou dents externes tombent aussi la cinquième année, de sorte que les huit incisives sont toutes des dents larges. — Plus tard les dents s'usent, elles sont comme limées sur leur bord tranchant; puis il s'y forme des brèches, et elles s'allongent par suite du retrait des gencives.

Les moutons pâturent pendant la belle saison; ils se plaisent principalement dans les pacages secs et élevés; les prairies basses et humides leur occasionnent des maladies. On les nourrit en hiver avec du foin et des racines, et il faut les faire boire au moins une fois par jour.

La tonte ne doit se faire qu'au moment où la mue va avoir lieu, ce que l'on reconnaît lorsqu'en écartant la vieille laine, on voit poindre la nouvelle. — Il faut avoir soin, pendant les huit premiers jours qui suivent la tonte, de n'exposer les moutons ni à la trop grande chaleur ni aux pluies froides, et de ne les conduire aux champs que par un temps doux et sec.

Les moutons sont sujets à quelques maladies, dont la plus redoutable, la plus meurtrière, est la *clavelée* ou *claveau*. Cette maladie suit une marche régulière, et l'on y distingue trois périodes: dans la première, les animaux sont tristes et languissants, ils éprouvent une grande chaleur, ont toujours soif et ne ruminent pas; ils ont les jambes de derrière rapprochées de celles de devant; dans la seconde période, il paraît sur le corps des boutons qui grossissent par degrés; dans la troisième, ces boutons se remplissent de pus, se dessèchent et forment une croûte noire qui tombe dans la suite. Cette maladie offre la plus grande analogie avec la petite vérole, et, comme elle, elle est contagieuse au plus haut degré; le premier soin est donc de mettre à part toute bête atteinte et d'inoculer les autres; l'éruption suit chez ces dernières une marche simple et n'est pas à beaucoup près aussi dangereuse. La meilleure des précautions contre cette maladie est de pratiquer l'inoculation indistinctement sur tous les agneaux après le sevrage, comme on le fait pour les enfants que l'on vaccine, car il est rare que le même animal contracte deux fois en sa vie la clavelée. Quant au traitement des bêtes malades, il consiste simplement à leur donner des infusions de plantes sudorifiques, telles que la bourrache, à les préserver de tout excès de froid et de chaud, et à ne les nourrir que légèrement avec de la farine délayée dans de l'eau.

La chèvre.

L'espèce de la chèvre est beaucoup moins dégénérée que celle de la brebis; elle est restée vive et vagabonde comme la chèvre sauvage; elle a plus d'intelligence et de ressource que la brebis; elle est plus forte, plus légère, plus agile, moins timide, et pourrait se suffire à elle-même.

La chèvre aime à s'écarter dans les solitudes, à grimper sur les lieux escarpés et rocailleux, où elle trouve les plantes fortes et amères qu'elle préfère. Mais, par suite de leur humeur capricieuse, il est difficile de conduire les chèvres et de les réunir en troupeaux; un seul homme ne saurait en diriger plus de quarante. Lorsqu'on les mène avec les moutons, elles se placent d'elles-mêmes en tête du troupeau et le dirigent.

Malgré ses habitudes sauvages, la chèvre se familiarise aisément; elle est sensible aux caresses et très-susceptible d'attachement pour celui qui la soigne. Dans certaines régions stériles et pauvres, dans les landes arides, où l'herbe, rare et trop maigre, ne peut nourrir une vache, la chèvre devient la providence des pauvres habitants, qui vivent de son lait et de la chair de ses petits.

La chèvre fournit plus de lait que la brebis, et, lorsqu'elle est bien nourrie, elle en peut donner trois à quatre litres par jour; son lait est très-blanc, plus maigre et moins épais que celui de la vache; c'est le meilleur pour l'allaitement des enfants privés du sein de leurs mères. La chèvre est une bonne nourrice, elle semble se complaire dans cet acte, et montre beaucoup d'affection pour le nourrisson qu'elle a adopté.

·Dans les pays de vignobles on nourrit les chèvres pendant une partie de l'année à l'étable avec des feuilles de vigne, dont elles sont avides; cette nourriture donne aux chèvres un lait abondant, mais qui tourne dès qu'on le fait bouillir. Le lait de chèvre donne peu de beurre, mais on en fait d'excellents fromages. — Son poil soyeux devient plus long et plus épais aux approches de l'hiver; on le coupe au printemps et l'on en fait de belles étoffes. — C'est avec le beau poil fin et soyeux des chèvres de Cachemire, en Asie, que l'on fabrique les magnifiques tissus qui portent ce nom. — La chèvre d'Angora, dont le poil est frisé et contourné en tire-bouchons, sert également à la fabrication d'étoffes estimées.

Chèvre d'Angora.

La chèvre se contente d'une nourriture grossière,

qu'elle sait trouver elle-même dans la belle saison ; elle ne coûte rien pour son entretien ; mais avec ces qualités elle a des défauts : elle cause parfois de grands dégâts en broutant les jeunes pousses des arbrisseaux et des vignes.

Le cochon.

Le cochon n'est que le sanglier réduit à l'état domestique ; mais ici la domesticité, au lieu d'élever l'animal au-dessus de sa condition naturelle, comme elle l'a fait pour le chien, le cheval, le bœuf, l'a, au contraire, abruti. Le cochon est un animal stupide et féroce ; c'est le plus glouton, le plus laid, le plus vorace des animaux ; pour satisfaire ses insatiables besoins, il dévore tout ce qui se présente à lui, sans paraître s'apercevoir si ce qu'il broie sous ses dents est vivant ou inanimé ; il n'épargne même pas sa propre progéniture, et on l'a vu dévorer des enfants.

Cochon d'Essex (amélioré).

Tous les autres animaux domestiques nous rendent des services pendant leur vie et s'ennoblissent à nos yeux par leurs bienfaits ; mais le cochon, comme l'avare et l'égoïste, n'est utile qu'après sa mort. Dire d'un cochon qu'il est gras est tout l'éloge qu'on peut en faire ; aussi a-t-on généralement un grand mépris pour cet animal, que l'on maltraite et que l'on abandonne à lui-même dans sa saleté. Mais c'est là un tort grave et dont l'homme porte souvent la peine, car les qualités de la chair du porc dépendent essentiellement de la nourriture et des soins qu'on lui donne. Cette chair, agréable, nourrissante et point malsaine. lorsqu'elle provient d'un porc bien portant et soigné, devient molle, lourde et indigeste dans le cas contraire. Comme les autres animaux, le cochon demande à être traité convenablement, logé proprement et pansé à la main. Quoique peu difficile sur le choix des aliments, le pourceau ne profite réellement que lorsque sa nourriture est bonne et régulière. Dans la belle saison, on peut le mener dans les bois, où il trouve les glands, les faînes et tous les fruits sauvages qu'il aime : il fouille la terre avec son groin pour y chercher les larves d'insectes et les racines dont il est friand. Il lui faut aussi une habitation spacieuse, bien aérée, et surtout bien abritée contre les rigueurs de l'hiver ; car, malgré l'épaisse couche de graisse qui l'enveloppe, le cochon est très-sensible au froid. Il importe aussi qu'elle soit saine et propre, car c'est un préjugé de croire que cet animal, plus qu'un autre, se plaise dans la saleté et y prospère. C'est, au contraire, là la principale cause des maladies qui attaquent le porc et rendent sa chair malsaine et souvent même dangereuse. On doit non-seulement renouveler souvent sa litière, mais encore le laver et l'étriller tous les jours.

Le porc mâle s'appelle *verrat*, sa femelle *truie*, et, lorsqu'il est privé par la castration des facultés génératrices, il prend le nom de *cochon*. Dans nos régions froides on n'accouple généralement ces animaux qu'au mois de novembre, afin que la truie ne mette bas qu'en mars, parce que les petits craignent beaucoup le froid, et que ceux nés en hiver réussissent difficilement. Ceux que l'on destine à l'engrais doivent être châtrés à six ou sept semaines et sevrés à deux mois; ceux qui sont réservés pour la boucherie, comme cochons de lait, doivent être séparés de leur mère à quatre semaines. Dès qu'ils sont un peu forts, on envoie les petits pourceaux aux champs, lorsque le temps le permet, afin qu'ils s'habituent à chercher eux-mêmes leur nourriture; ils pâturent pendant l'été dans les champs de trèfle et de luzerne, et on les nourrit à l'étable avec des soupes, des eaux grasses, des résidus de laiterie et de cuisine.

La truie et le verrat qui ont été employés à la reproduction donnent toujours des produits médiocres; l'engraissement, pour être complet et rapide, demande des animaux jeunes et en bonne santé; on achève leur engraissement vers sept ou huit ans, en les retenant constamment à l'étable et en satisfaisant complétement leur voracité avec une nourriture substantielle, consistant surtout en farines, graines, pommes de terre et autres racines cuites; on commence par les racines et l'on achève avec le grain; on mélange avec leur eau de la farine de fèves, de pois, de sarrasin, etc.

Le cochon est sujet à plusieurs maladies, dont la plus nuisible est celle que l'on désigne vulgairement sous le nom de *ladrerie*. Cette affection est presque toujours le résultat d'une mauvaise nourriture et d'un manque absolu de soins.

On reconnaît qu'un porc est atteint de ladrerie aux symptômes suivants : l'animal devient d'abord triste, paresseux et ne peut remuer; la langue et le palais se couvrent de petits points blanchâtres qui se gonflent et se remplissent d'humeur, la racine des soies devient rouge et comme ensanglantée, et la bête se soutient à peine sur le train de derrière.

La ladrerie est due à l'existence de vers qui se multiplient dans le tissu cellulaire du cochon et se répandent de là dans les viscères, où ils causent des ravages qui entraînent la mort de l'animal. La médecine est tout à fait impuissante contre cette maladie, et le meilleur parti à prendre est d'abattre l'animal dès les premiers symptômes.

La chair du porc mort de la ladrerie est molle, fade, ne prend pas bien le sel et se corrompt très-rapidement; elle est, en outre, malsaine et peut influer d'une façon fâcheuse sur la santé de l'homme qui s'en nourrit (1).

Le chat.

Un fait digne de remarque, c'est que tous les animaux que l'homme a pu réduire en domesticité sont ceux qui à l'état sauvage vivent en société. Tous nos animaux domestiques sont de leur nature des animaux sociables. Le bœuf, la chèvre, le mouton, le chien, le cheval, le cochon vivent naturellement en société et par troupes. L'homme a su profiter de cet état naturel, et s'est imposé à ces animaux comme chef de leur communauté.

---

(1) Les vers qui causent chez le porc la maladie connue sous le nom de ladrerie sont appelés *cysticerques ;* ce sont des vers vésiculaires dont la bouche est armée de crochets recourbés au moyen desquels ils se fixent dans les tissus. Des expériences nombreuses ont prouvé que ces cysticerques ne sont que les larves ou embryons du *Tænia* (ver solitaire), et qu'introduits dans l'estomac de l'homme avec la chair d'un porc infecté, ils s'y développent et se transforment en tœnias.

Un autre ver, le *Trichina*, dont le nom veut dire *fin comme un crin*, attaque également le porc; il s'insinue dans les muscles de l'animal où il se fraie un chemin, s'y multiplie dans une proportion effrayante, et finit par causer la mort de l'individu attaqué. L'ingestion de viande de porc renfermant des Trichina, fraîche ou mal apprêtée, expose aux plus grands dangers; ces vers passent de l'estomac dans les intestins, dont ils percent l'enveloppe pour s'introduire dans les muscles, et ils perforent ceux-ci de manière à entraîner la mort. Les symptômes de cette affreuse maladie offrent la plus grande analogie avec ceux du typhus.

Au contraire, les espèces qui vivent solitaires ne peuvent être réduites en domesticité ; on les apprivoise quelquefois, mais on ne les asservit jamais, et cela s'applique surtout à celles qui se nourrissent de chair et vivent de rapine ; ils ont tous de la force et des armes et sont les animaux les plus indépendants de l'homme.

Le chat paraît d'abord faire exception à cette règle ; mais, si l'on y réfléchit bien, on verra que le chat n'est ni notre esclave ni notre domestique ; il est tout au plus notre hôte et ne vit auprès de nous qu'autant qu'il y trouve son intérêt, qu'autant que cela lui plaît ; il vit à sa guise, indépendant, et ne nous rend d'autre service que de nous délivrer des souris, mulots, et autres petits rongeurs dont il fait sa nourriture même à l'état sauvage.

Le chat est joli, léger, adroit, plein de grâce, et sa robe qu'il lèche sans cesse est toujours d'une propreté recherchée ; mais c'est un animal égoïste et voleur, qui, à bien peu d'exceptions près, n'a aucune affection pour son maître ; il s'attache au logis où l'on satisfait à ses besoins et à ses goûts, mais il le quitte volontiers pour en adopter un autre où il aura trouvé quelques séductions. — Le chat est naturellement rusé, timide et poltron ; mais il n'est méchant que lorsqu'il est en colère et qu'il a peur : sa fureur devient alors dangereuse.

Nos diverses races de chats privés proviennent du chat sauvage (1) qui habite les grandes forêts de la France et de l'Europe. Ce dernier est un peu plus grand que nos chats privés ; sa fourrure est grise, marquée de bandes transversales plus foncées. Il est devenu fort rare, et vit

---

(1) Plusieurs naturalistes, entre autres Isid. Geoffroy Saint-Hilaire, font descendre nos races de chats privés d'une espèce du nord de l'Afrique, le *chat ganté*, qui, d'abord domestique en Nubie et en Égypte, se serait de là répandue dans toute l'Europe.

isolé dans les bois de la chasse active qu'il fait aux perdrix, aux lièvres, et à tous les animaux faibles.

On rencontre parfois dans les campagnes, surtout dans le voisinage des bois, des chats marrons devenus à moitié sauvages et vivant de leur chasse ; ils détruisent le menu gibier, les couvées de cailles, de perdrix et de petits oiseaux. C'est presque toujours par suite du peu de soins qu'on lui donne que le chat devient maraudeur ; un préjugé généralement répandu dans les campagnes est qu'il cesserait de chasser aux souris si on lui donnait à manger, et, en vertu de cette croyance, on le laisserait mourir de faim s'il n'usait de ses facultés pour se procurer sa nourriture. C'est d'ailleurs une erreur : sans doute un chat trop bien nourri devient lourd et paresseux ; mais celui auquel on accorde le nécessaire n'en est que plus alerte et plus vigoureux, et sans avoir très-faim il fera toujours la chasse aux souris et aux rats, car c'est son instinct et son plaisir.

SIXIÈME VEILLÉE.

LE LAPIN ET LE COBAYE.

Le lapin.

Originaire d'Afrique, le lapin fut d'abord transporté en Espagne, où il prospéra à ce point, dit-on, qu'on fut obligé d'y introduire le furet pour en réprimer l'excessive multiplication. D'Espagne, le lapin s'est répandu en France et dans tout le reste de l'Europe; on le trouve aujourd'hui partout, à l'état domestique aussi bien qu'à l'état sauvage.

Dans cette dernière condition, le lapin vit au fond des terriers qu'il creuse et qu'il ne quitte guère que la nuit. Il habite de préférence les coteaux boisés et se nourrit de plantes et d'écorces. C'est un animal très-timide, qui tremble au moindre bruit; sa vue n'est pas bonne, comme l'indiquent ses gros yeux à fleur de tête; mais ses grandes oreilles mobiles, qu'il peut tourner de tous côtés, lui permettent de percevoir aisément les plus légers sons; quant à ses jambes, elles sont excellentes; ce sont d'ailleurs les seuls moyens de salut qu'il ait pour échapper à ses nombreux ennemis.

La fécondité du lapin est si grande, qu'une seule paire de ces animaux ayant été déposée dans une île où ils n'existaient pas avant, il s'en trouva plus d'un millier au bout d'un an, et il est certain que ces animaux multiplient si prodigieusement dans les pays qui leur conviennent, que la terre pourrait à peine fournir à leur subsistance, si une foule d'ennemis n'en entravaient la trop grande propagation.

Le lapin détruit les herbes, les racines, les grains, les légumes et même les arbrisseaux, dont il ronge l'écorce pendant l'hiver; il est très-nuisible, surtout dans les pays plantés de vignes. Aussi lui fait-on une guerre acharnée, et d'autant plus intéressée que sa chair est excellente; on emploie contre lui les furets, les chiens, les lacets; on le surprend au gîte, on l'attend à l'affût, et l'homme n'est pas le seul qui le chasse, les renards, les martes, les fouines, les chats et plusieurs grands oiseaux de proie le poursuivent avec un égal acharnement.

Le lapin sauvage est plus petit que le lapin domestique; sa couleur est généralement gris tiqueté en dessus, et blanc en dessous; ses oreilles sont plus courtes et noires au bout; il a l'habitude de se creuser un terrier, ce que ne fait pas le lièvre. — La femelle porte trente jours et produit trois fois par an de six à dix petits; quand elle veut mettre bas, elle se retranche dans un nouveau terrier qu'elle creuse en zigzag et se dépouille le ventre pour faire un lit douillet à ses petits; elle ferme avec soin l'entrée de ce terrier pour le cacher au mâle qui tuerait impitoyablement ses lapereaux par jalousie.

Le lapin domestique est très-variable pour la couleur ou la qualité du poil; on en voit de gris, de noirs, de blancs, de blancs tachés de noir, de roux, etc.; les plus belles variétés sont le *lapin d'Angora*, dont le long poil soyeux sert à la fabrication de feutres et d'étoffes recherchées, et le *riche* à poils très-soyeux, d'un beau gris d'ardoise.

Indépendamment de sa chair, qui est fort bonne lorsqu'il est bien nourri, le lapin fournit son poil et sa peau, qui forment une branche d'industrie assez importante.

Dans beaucoup de fermes on élève des lapins, et ces animaux peuvent donner des bénéfices assez considérables si l'on a soin de les maintenir dans des circonstances favorables. Au moyen d'une bonne nourriture, d'un entretien soigneux et de la propreté, on améliore considérablement leur chair et leur fourrure. Le manque de soins engendre toujours, au contraire, une foule de maladies qui ne tardent pas à dépeupler la lapinière et à transformer en pertes les bénéfices sur lesquels on comptait. L'habitude où l'on est dans beaucoup d'endroits de nourrir le lapin presque exclusivement de feuilles de choux est une des principales causes de ces maladies; cette nourriture lui donne une chair fade, molle et décolorée, tandis que là où on le nourrit de plantes aromatiques, de feuilles et de baies de genièvre, il prend une chair ferme, d'un fumet agréable et comparable à celle du lapin sauvage.

Voici les principales conditions de réussite dans ce genre d'exploitation :

Il est d'abord nécessaire de tenir les lapins sur des litières fraîches et abondantes, renouvelées au moins tous les huit jours, et dans des locaux secs et bien aérés. Il faut séparer les jeunes de un à deux mois de ceux qui sont plus âgés ; les grands nuisent toujours aux petits en s'emparant à leurs dépens de la nourriture la plus substantielle et en les froissant sans cesse par la brusquerie de leurs mouvements. A quatre mois ils peuvent être vendus, sauf les femelles, que l'on garde pour la reproduction, et qui commencent à devenir mères à six mois. A cet âge, on doit les séparer dans des loges d'au moins deux mètres carrés ; un seul mâle peut servir huit femelles, et on lui fait parcourir les huit compartiments de huit jours en huit jours, c'est-à-dire une par semaine, de sorte qu'au bout de deux mois, il aura visité toutes les femelles.

La portée d'une lapine étant de un mois, la première

femelle aura déjà donné une nichée dont les petits auront un mois lorsque l'on retirera le mâle de la huitième ou dernière loge pour le reporter dans la première ; et on lui fera revisiter ainsi chacune de ces loges de huit en huit jours.

Isolées ainsi, les femelles sont tout aux soins maternels, et à l'abri de la brutalité du mâle ou de la méchanceté jalouse des autres femelles. Les loges doivent, autant que possible, être exposées au midi, avoir au moins deux mètres carrés de surface sur un mètre de hauteur ; le sol en planche ou en béton, avec une pente légère vers l'extérieur pour que l'urine ne séjourne pas. Les loges où vivent en commun les lapereaux doivent être plus grandes et garnies d'un râtelier sur toute la longueur, afin qu'ils ne se disputent pas la nourriture.

Il faut donner à manger aux lapins deux fois par jour seulement, le matin et le soir, et les herbes qu'on leur donne ne doivent être ni humides ni mouillées. Si leurs aliments sont secs, il faut leur donner à boire, mais la boisson leur devient inutile ou même nuisible lorsqu'on leur procure de l'herbe fraîche.

On a beaucoup exagéré les bénéfices que pouvait rapporter l'éducation des lapins ; sans doute, en calculant sur une portée par mois et une moyenne de huit petits par portée pour chaque lapine, comme l'ont fait certains théoriciens, on atteindrait un chiffre très-élevé ; mais il n'en est pas ainsi, et, en saine pratique, il faut compter, dans les meilleures conditions, six portées par an de six petits chacune ; autrement, la femelle s'épuise, ne produit que des lapereaux chétifs, et le plus souvent, faute de lait, les abandonne ou même les détruit elle-même.

Huit femelles bien entretenues peuvent produire en moyenne trente-six petits par an, soit, au total, deux cent quatre-vingts lapereaux, qui, vendus à 1 fr. 25 c. l'un, rapportent....................... 350 fr.   »

En déduisant de ce prix, pour frais de premier établissement et d'entretien, environ........................... 150   »

il restera un bénéfice de............... 200 fr.   »

Bénéfice que l'on peut doubler, quintupler, décupler même, si le local le permet, et le résultat est déjà fort beau, surtout si l'on songe que l'on peut l'obtenir avec une première mise de fonds peu importante.

Le cobaye ou cochon d'Inde.

Devrais-je vous parler du cobaye ou cochon d'Inde, le seul animal domestique que nous ayons emprunté à l'Amérique, et le plus inutile de tous ceux qui portent ce nom.

Le cobaye est un petit animal à peine gros comme un lapereau de quelques jours, et qui ressemblerait assez au lapin, s'il n'avait les oreilles très-courtes et ne manquait de queue.

Ce petit rongeur n'a rien de commun avec le cochon, bien qu'on lui ait donné, je ne sais trop pourquoi, le nom de *cochon d'Inde*, à moins que ce ne soit toutefois à cause de l'espèce de petit grognement qu'il fait entendre de temps en temps.

Le cochon d'Inde.

Ce petit animal se trouve à l'état sauvage au Brésil et au Paraguay, où il vit caché dans les trous de rochers ou dans les buissons. Privé de tout moyen de défense, n'ayant pas même la ressource de fuir avec vitesse ou l'intelligence de se creuser un terrier, il devient une proie facile pour tous les animaux carnassiers, qui l'auraient bien vite fait disparaitre de la surface du globe s'il n'était d'une grande fécondité; il semble, en effet, n'avoir été créé que comme une provision de bouche pour les autres animaux.

Le cobaye est répandu depuis longtemps en France et dans le reste de l'Europe où on l'élève par pure fantaisie, car sa chair est fade et insipide, sa peau n'est d'aucune utilité et il ne rend aucun service, sa vie s'écoulant à manger, à dormir et à se multiplier. Il est d'ailleurs d'une stupidité telle, qu'il se laisse tuer par les chats et les chiens sans opposer la moindre résistance et sans faire même un mouvement pour échapper à son sort. La mère montre la même apathie pour ses petits et les laisse enlever ou tuer sans s'émouvoir.

SEPTIÈME VEILLÉE.

Nous n'usons pas, à beaucoup près, de toutes les richesses que nous offre la nature, a dit un grand naturaliste, le fonds en est bien plus immense que nous ne l'imaginons; elle nous a donné le cheval, le bœuf, la brebis, tous nos autres animaux domestiques, pour nous servir, nous nourrir, nous vêtir, et elle a encore des espèces de réserve qui pourraient suppléer à leur défaut et qu'il ne tiendrait qu'à nous d'assujettir et de faire servir à nos besoins. C'est ainsi que les Lapons ont domestiqué le renne et que nous pourrions également apprivoiser nos cerfs, nos chevreuils et les rendre animaux domestiques; la loutre, qui dépeuple nos étangs, pourrait être dressée à la pêche comme le chien l'a été à la chasse.

Il y a beaucoup d'animaux des pays étrangers qui pourraient être d'une grande utilité en France, si l'on parvenait à les y naturaliser. Or, rien ne semble devoir s'y opposer sérieusement. Tous nos animaux domestiques d'Europe, transportés en Amérique où ils étaient inconnus, s'y sont multipliés prodigieusement; nos chevaux, nos taureaux, nos vaches, nos brebis, nos cochons y ont prospéré au delà de toute attente; pourquoi les animaux particuliers à l'Amérique ne viendraient-ils pas à leur tour enrichir notre pays?

Tous nos fruits d'espalier et les plus beaux de nos vergers nous ont été apportés de pays étrangers et souvent fort éloignés. Les mêmes contrées qui nous ont donné tant d'arbres et de plantes utiles nourrissent des quadrupèdes et des oiseaux dont nous pourrions peupler nos étables et nos basses-cours.

Ces animaux fourniraient à nos manufactures des poils plus soyeux, des fourrures plus touffues; ils ouvriraient à nos agriculteurs une mine de richesses nouvelles et précieuses; offriraient aux populations des aliments aussi agréables que sains, qui perdraient de leur cherté en devenant moins rares, et pourraient un jour couvrir la table du pauvre comme celle du riche.

La science n'a pas dit son dernier mot, tant s'en faut, sur tant d'espèces animales et végétales que le Créateur a mises à la disposition de l'homme; c'est à lui de les approprier à ses besoins par l'étude de leurs qualités et les expériences qu'il peut faire sur leur multiplication.

Parmi les animaux dont l'acquisition serait pour nous des plus précieuses, figurent le lama, l'alpaca et la vigogne, tous trois domestiques en Amérique. Les deux premiers servent à la fois de bêtes de somme, de bêtes laitières, d'animaux de boucherie; les deux derniers fournissent à l'industrie une laine précieuse par son abondance et sa finesse.

Lorsque les Espagnols firent la conquête du Pérou, ces animaux étaient le seul bétail que connussent les Américains. Le lama est de la grandeur d'un cerf, sa tête est petite, assez gracieuse, avec de grands yeux dont le regard est adouci par de longs cils, le museau est allongé, et la lèvre supérieure épaisse et fendue, les oreilles longues et portées en avant; le cou est très-long, le corps épais, les jambes bien proportionnées, le pied fourchu, la queue courte. — Le poil du lama est grossier et laineux, sa couleur habituelle est un brun roussâtre, il est quelquefois tout blanc.

L'alpaca diffère du lama par sa taille plus petite, ses formes plus arrondies, et surtout par sa toison composée d'un poil laineux fin et doux, d'un brun fauve. qui lui tombe sur les flancs en mèches longues de plus d'un pied; ce poil peut être comparé à celui de la chèvre de Cachemire (1).

Le lama.

Le lama et l'alpaca habitent les plateaux élevés des Cordillières, hautes montagnes de l'Amérique, où règnent une température très-froide et un air très-vif; leur laine fournit aux habitants de ces régions des vêtements solides

____

(1) Les étoffes que l'on tisse avec la toison de l'alpaca tiennent le milieu entre les plus belles laines de mouton et la soie, elles sont remarquablement souples, solides, fines et brillantes.

Il s'importe par an en Angleterre environ deux millions de kilogrammes de laines d'alpaca.

et chauds, et leur chair, semblable à celle du mouton, leur procure une nourriture saine et substantielle. Le lama porte en outre de lourds fardeaux, et traverse, d'un pied sûr, des défilés et des rochers étroits bordés de précipices et impraticables pour les chevaux et les mulets. Ces animaux sont d'une sobriété excessive, ils n'ont besoin ni de grain, ni d'avoine, ni de foin, se contentant de l'herbe verte qu'ils broutent eux-mêmes et qu'ils savent trouver jusque sous la neige ; ils se passent facilement d'abri par les plus grands froids, et vivent là où ni le mouton ni le bœuf ne pourraient vivre. Leurs excréments mêmes sont utiles, car c'est la seule matière combustible que la nature ait accordée à ces régions ; en un mot, le lama est la providence de ces montagnes, qui seraient inhabitables sans lui, et sur lesquelles vivent cependant plusieurs millions d'habitants.

La vigogne est de la taille d'une chèvre ; ses formes sont plus sveltes, ses jambes plus déliées que celles du lama et de l'alpaca. Sa laine, d'une finesse et d'une douceur incomparables, mais moins longue que celle de l'alpaca, est de couleur fauve orangé.

Au contraire du lama et de l'alpaca, qui n'ont d'agilité que pour bondir comme le chamois au milieu des rochers escarpés, la vigogne ne peut courir que sur un terrain plat ; mais, dans ces conditions, elle court avec la rapidité du cerf. Sa chair est fort bonne à manger, et les habitants des contrées qu'elle habite lui font une chasse acharnée et inintelligente qui en a déjà beaucoup diminué le nombre à l'état sauvage.

On obtient par le croisement de l'alpaca et de la vigogne un métis qui tient de ces deux espèces leurs qualités les plus remarquables ; son poil joint à la longueur de celui de l'alpaca la finesse et le soyeux du pelage de la vigogne. On a donné à ce métis le nom d'alpa-vigogne composé de ceux de ses parents. Rien n'égale la beauté du pelage de l'alpa - vigogne , dont la couleur est généralement isabelle (1).

Ne serait-ce pas faire la fortune de nos régions élevées des Alpes, des Pyrénées, des Cévennes que d'y transporter ces animaux précieux, qui, sans nul doute, s'y acclimateraient parfaitement, enrichiraient et animeraient ces vastes pâturages déserts aujourd'hui, abandonnés aux chamois et aux chasseurs et perdus pour l'industrie de l'homme? Et l'on pourrait même, avec le temps, les faire descendre peu à peu de ces régions élevées dans les parties basses et jusque dans la plaine, puisque c'est ce qui a eu lieu pour nos chèvres et nos moutons qui, à l'état sauvage, n'habitent que les montagnes les plus hautes et les plus arides (2).

L'Amérique pourrait encore nous donner le tapir, grand pachyderme voisin du cochon, qui non-seulement possède une chair aussi savoureuse que celle du porc, mais donne en outre un cuir bien supérieur à celui du bœuf et peut rendre encore des services comme bête de somme.

Le tapir est grand comme un âne, mais trapu et épais comme le cochon ; son cou est garni d'une courte crinière, et son museau, au lieu de se terminer en groin, s'allonge en une petite trompe charnue et très-mobile dont il se sert avec beaucoup d'adresse pour arracher les racines dont il fait sa nourriture.

C'est un animal fort doux, qui s'apprivoise très-facile-

---

(1) Un fait aussi heureux que singulier, c'est que, contrairement à ce que l'on a observé jusqu'à ce jour chez les mulets, les métis d'alpaca et de vigogne sont féconds et peuvent par conséquent donner naissance à une race permanente. Le drap d'alpa-vigogne est d'une beauté et d'une souplesse incomparables; mais il est encore fort rare.

(2) La possibilité de l'acclimatation de ces animaux utiles en France ne fait plus question ; plusieurs couples de lamas et d'alpacas vivent depuis plusieurs années dans les parcs de la ménagerie du Jardin des Plantes où ils se sont reproduits.

ment; il témoigne assez d'intelligence et beaucoup d'attachement aux personnes qui le soignent.

Dans certaines parties du Brésil on a réduit le tapir en
domesticité pour l'utiliser comme bête de somme et
comme animal de boucherie. Il habite les parties chaudes
et tempérées des basses terres aussi bien que les régions
élevées des Cordillières, où la température descend parfois à 4 et 5 degrés au-dessous de zéro, et par conséquent
il pourrait vivre, non-seulement dans le midi de la France,
mais encore dans nos départements du centre et de l'ouest.

Nous pourrions demander aux Chinois ou aux Tartares
leur *yack*, ce bœuf bossu dont le corps est couvert d'un long
poil touffu ressemblant à celui de la chèvre et traînant
jusqu'à terre, et dont la queue ressemble à celle du cheval.

L'yack.

L'yack rend aux peuples qui le possèdent des services
signalés : son poil sert à fabriquer des étoffes épaisses,
chaudes et très-solides ; sa chair est très-bonne et son
lait excellent ; il porte ou traîne des fardeaux énormes
comme nos bœufs, auxquels il est supérieur par la rapidité

de ses allures, car il galope à merveille, et on l'emploie
souvent dans les montagnes du Thibet comme monture.
Il est en outre d'une sobriété exemplaire.

Cet animal précieux, qui habite les contrées froides et
montagneuses du Thibet s'accommoderait parfaitement
de notre climat, et prendrait une place avantageuse dans
nos fermes à côté de nos races bovines. Ses qualités particulières, sa rusticité, le peu de nourriture qu'il consomme le
rendraient surtout précieux pour les petites exploitations.
Il remplacerait avantageusement nos races de bœufs dans
les régions élevées des Vosges, des Cévennes, des Alpes,
des Pyrénées, où il brouterait l'herbe courte qui pousse
jusque sous la neige, comme il le fait dans son pays
natal (1).

______

(1) En effet, le yack réussit parfaitement en France ; d'un couple
de ces animaux arrivé à la ménagerie du Jardin des Plantes de
Paris, en 1854, est sorti tout un troupeau dont on a réparti les
membres dans nos divers départements montagneux, où ils continuent à prospérer et à se multiplier.

LES ANIMAUX AUXILIAIRES DE L'HOMME.

LE BLAIREAU, LE HÉRISSON, LES MUSARAIGNES,
LES CHAUVES-SOURIS.

Beaucoup d'animaux sauvages inutiles par eux-mêmes peuvent devenir indirectement très-utiles comme destructeurs des espèces nuisibles. Il est de notre intérêt de conserver et de protéger ces auxilliaires utiles que la nature nous a donnés comme des gardiens commis à la surveillance et à la défense de nos biens. Conserver ce qu'on possède est d'une sagesse si vulgaire qu'il semble futile de prêcher une telle doctrine, et cependant l'homme se fait un jeu de détruire autour de lui les biens que lui a si libéralement offerts la nature, alors qu'il lui suffirait simplement de s'abstenir pour les conserver. Mais à nos instincts de destruction vient se joindre notre ignorance; nous considérons indistinctement comme des ennemis tous les animaux dont nous ne tirons pas directement un profit, et nous les écrasons sans pitié, ne comprenant pas que dans cette mesure extrême et aveugle nous enveloppons non-seulement des innocents, mais encore des alliés précieux.

Au premier rang de ces animaux ennemis de nos ennemis, et par conséquent nos alliés, sont le blaireau, le hérisson, les musaraignes, les chauves-souris.

Le blaireau.

Le blaireau est un animal carnassier de la taille du renard, mais beaucoup plus bas sur jambes, et de formes plus trapues ; sa fourrure, composée d'un poil rude et épais, offre une coloration différente de celle que l'on voit chez les autres animaux ; elle est grise sur le dessus du corps, et noire dans les parties inférieures, c'est-à-dire plus claire sur le dos que sur le ventre, ce qui est habituellement le contraire ; il a de chaque côté de la tête une bande longitudinale noire passant sur les yeux et les oreilles, et une bande blanche qui s'étend du museau à l'épaule.

Le blaireau.

Le blaireau est un animal lourd et paresseux, défiant et rusé, qui vit solitaire dans les lieux les plus écartés, dans les bois les plus sombres. Au moyen de ses ongles longs et robustes, il se creuse un terrier tortueux, oblique et souvent très-profond ; il y dort tout le jour, n'en sort que a nuit pour chercher sa nourriture, s'en écarte peu et s'y réfugie au moindre danger, car il ne peut échapper par la fuite, ses jambes trop courtes ne lui permettant pas de bien courir.

On chasse le blaireau pour sa peau, dont on fait des couvertures grossières, des colliers pour les chiens et les chevaux, et pour son poil, qui sert à fabriquer des brosses et des pinceaux. Mais c'est à tort qu'on le range parmi les animaux nuisibles et qu'on le détruit comme tel ; car, s'il mange quelques fruits sauvages et quelques graines, sa nourriture habituelle consiste principalement en souris, mulots, reptiles et insectes de toutes sortes ; il nous rend donc au contraire service en détruisant une foule d'êtres véritablement nuisibles.

Les Allemands prennent grand plaisir à chasser le blaireau, et voici comment je les ai vus procéder : c'est toujours en automne que se fait cette chasse ; les chercheurs de blaireaux partent à la nuit close au nombre de trois ou quatre, armés de bâtons et de lanternes et accompagnés de deux ou trois bons chiens bassets. Dès qu'on a découvert l'un de ces animaux, on lâche sur lui les chiens, qui l'ont bientôt atteint ; mais le blaireau se renverse sur le dos, et dans cette position il se défend vigoureusement au moyen de ses dents et de ses ongles qui font souvent aux chiens de cruelles blessures, et ceux-ci en viendraient difficilement à bout si l'on ne venait à leur aide. L'un des chasseurs armé d'une fourche la lui passe au cou, le couche, et le maintient à terre pendant que les autres l'assomment à coups de bâton.

On prend aisément le blaireau dans son trou pendant le jour en l'enfumant, ou en ouvrant son terrier par derrière, tandis qu'un chien bien dressé en garde l'entrée. On s'empare également du blaireau en tendant à l'ouverture de son terrier un collet en fil de fer placé de façon à ce que l'animal ne puisse sortir sans s'y prendre. Plusieurs chasseurs m'ont assuré qu'on ne prenait ainsi que de jeunes blaireaux ; un vieux blaireau, disent-ils, est tellement défiant et circonspect qu'il s'aperçoit presque toujours du piége ;

6

il creuse alors une autre issue, ou si la nature rocheuse du terrain s'y oppose, après être resté deux ou trois jours sans sortir, pressé par la faim, il prend son parti, se roule en boule autant que possible, se lance en faisant trois ou quatre culbutes et passe ainsi à travers le lacet qui n'a pas de prise sur lui.

Lorsqu'il est pris jeune, le blaireau s'apprivoise facilement et devient même très-familier avec son maître, qu'il suit comme un chien ; mais l'odeur repoussante qu'il répand s'oppose à ce qu'on l'admette dans une maison ; cette odeur provient d'une poche située sous la queue et toujours remplie d'une humeur grasse et infecte.

La femelle du blaireau met bas en été et fait trois ou quatre petits dont elle prend le plus grand soin jusqu'au moment où ils sont assez forts pour se procurer eux-mêmes leur nourriture.

Le hérisson.

Le hérisson est un petit animal fort utile à l'homme, car, loin d'occasionner aucun dommage, il nous rend toutes sortes de bons offices. Il fait la guerre aux souris, aux mulots et même aux rats, détruit une quantité considérable de vers, d'insectes, de chenilles, de limaces, attaque et tue les vipères, dont il ne redoute nullement les morsures.

Le hérisson doit son nom aux piquants raides et acérés qui hérissent la surface de son dos ; c'est là sa seule défense, car la nature ne lui a accordé ni la force, ni l'agilité, ni même l'instinct de se creuser une retraite inaccessible à ses ennemis. Dès qu'il prévoit quelque danger, il rentre sa tête et ses pattes sous son ventre, s'enveloppe de sa peau comme d'un manteau, et présente ainsi à son adversaire une boule hérissée de piquants entre-croisés dans tous les sens et ne donnant aucune prise.

Le hérisson se tient pendant le jour dans les haies et dans les bois, blotti dans quelque trou, sous un tas de pierres ou sous quelque grosse racine d'arbre, et n'en sort que la nuit pour aller à la recherche des petits animaux qui composent sa nourriture. Vers la fin de l'automne, il amoncelle au fond de son trou un tas de mousse et de feuilles sèches pour y passer l'hiver dans l'engourdissement.

Le hérisson.

On accuse le hérisson de beaucoup de méfaits dont il est innocent, comme il me sera bien facile de vous le prouver. On lui reproche d'abord de monter sur les arbres pour en faire tomber les fruits, de les récolter ensuite en se roulant dessus pour les emporter au bout de ses piquants dans son terrier, et d'amasser des provisions pour l'hiver. Ces croyances se propagent depuis des siècles, sans que personne puisse affirmer avoir vu ces faits de ses propres yeux ; toujours *on dit*, et cela suffit. Eh bien, il y a dans ces récits presque autant d'erreurs que de mots : d'abord le hérisson ne peut grimper sur les arbres, ses ongles à pointe émoussée ne le lui permettant pas ; et comment ferait-il ensuite pour détacher les fruits enfilés dans ses piquants ? enfin à quoi lui servirait d'amasser des provisions pour l'hiver, puisqu'il passe toute la saison froide dans un engourdissement profond ; le hérisson ne mange d'ailleurs de fruits que lorsqu'il ne peut se procurer la nourriture animale qu'il préfère, c'est-à-dire très-rarement. Le hérisson nous rend au contraire de grands services en détruisant une foule d'animaux nuisibles à nos champs et à nos vergers ; j'ai mis deux de ces animaux dans mon jardin, et depuis lors je n'y rencontre plus ni mulots, ni limaces, ni escargots, ni vers.

Mais là ne se bornent pas les bons offices qu'il nous rend, car il est l'ennemi déclaré de la vipère, qu'il tue et dévore sans être incommodé de son venin.

J'ai été moi-même témoin du combat d'un hérisson contre une vipère : ayant rencontré un jour sur nos coteaux pierreux un de ces serpents venimeux, je me rappelai avoir entendu affirmer plusieurs fois ce fait en Italie, et, afin de m'en assurer, je m'emparai de la vipère, en prenant les précautions nécessaires pour n'en être pas mordu, et l'emportai chez moi.

Je me mis aussitôt en quête de mes hérissons, que je trouvai blottis sous des tuiles dans un coin du jardin ; je pris l'un d'eux et le mis dans une grande caisse de bois, où je lâchai également la vipère, qui était très-forte. Le hérisson n'eut pas plutôt senti le reptile qu'il s'en approcha sans aucune précaution et vint le flairer à la gueule ; celui-ci commença alors à siffler et mordit le hérisson au museau ; le petit animal ne parut pas s'en inquiéter, il se lécha seulement ; puis, se rapprochant de nouveau de la vipère, il lui saisit la tête et la broya entre ses dents, malgré les violentes contorsions du reptile, qu'il dévora jusqu'à la moitié. L'ayant alors mis hors de la caisse avec le tronçon restant du corps de la vipère, il s'en empara et le transporta dans sa retraite sous les tuiles pour le dévorer à son aise.

Quelques jours après je m'emparai d'une autre vipère,

et pour m'assurer qu'elle ne manquait pas de venin, je lâchai dans sa caisse un mulot, qui venait de se prendre au piége. Dès qu'elle le vit, la vipère s'élança dessus et le mordit, et quelques minutes après le pauvre mulot gisait sur le dos dans un coin de la caisse. Je laissai le reptile dans sa boîte jusqu'au lendemain, pour que son venin eût le temps de se renouveler, et j'y introduisis alors mon second hérisson. Comme le premier, il s'approcha sans précautions de la gueule de la vipère et en reçut quatre ou cinq morsures avant de pouvoir lui saisir la tête qu'il broya entre ses dents ; il dévora ensuite tout entier le corps de sa victime, et pas plus que son compagnon il ne fut incommodé des suites des morsures de la vipère.

Musaraignes.

La musaraigne ou *musette* est encore l'une des victimes de l'ignorance et des préjugés répandus dans nos campagnes ; on lui fait une guerre acharnée, et l'on tue cet animal, qui non-seulement est inoffensif, mais encore utile, puisqu'il détruit une quantité considérable de limaces, de vers et d'insectes nuisibles à l'agriculture.

La musette est à peine de la grosseur d'une souris ; son corps est plus allongé, et son museau très-long est effilé en pointe ; sa queue est longue et carrée. Ce petit animal est très-gracieux de formes ; son poil brun ou gris cendré est court et serré, et l'on trouve sur chaque flanc, sous ce poil, une rangée de soies raides, entre lesquelles suinte une humeur d'une odeur forte et désagréable ; c'est sans doute cette odeur qui fait que les chats les tuent, mais ne les mangent pas.

Pendant la belle saison la musette habite les bois et les prairies, où elle creuse un petit trou qu'elle ne quitte que vers le soir, pour faire la chasse aux insectes et aux vers, mais, aux approches du froid, elle se réfugie dans les granges, les greniers à foin, les écuries, où elle se nourrit des grains égarés et de tous les débris qu'elle rencontre.

La musaraigne.

Un préjugé généralement répandu dans nos campagnes est que la musette est venimeuse, et que sa morsure est très-dangereuse pour les bestiaux et surtout pour les chevaux; mais cette innocente petite bête n'est nullement venimeuse, et quant à mordre les chevaux, elle ne pourrait le faire lors même qu'elle le voudrait, car la petitesse de sa gueule ne lui permettrait pas de saisir la double épaisseur de la peau d'un cheval ou d'un bœuf, ce qui est cependant absolument nécessaire pour mordre.

On rencontre sur le bord des ruisseaux et des fontaines une autre musaraigne, un peu plus grande que la précédente, de couleur noirâtre en dessus et blanche en dessous ; elle passe la plus grande partie de sa vie dans l'eau, où elle fait la chasse aux vers, aux insectes aquatiques et même aux petites grenouilles. Elle nage avec beaucoup de facilité et plonge de même, ses doigts étant bordés de chaque côté de soies raides et serrées qui en font de petites nageoires. La musaraigne d'eau ne paraît pas se rapprocher des habitations en hiver.

Les chauves-souris.

Voici de pauvres créatures innocentes qui, dans tous les siècles et chez tous les peuples, ont été des objets d'horreur et de dégoût. Je veux parler des chauves-souris, que, dans les campagnes, on considère encore aujourd'hui comme des êtres immondes et malfaisants. Les Juifs les appelaient *oiseaux des ténèbres*, et les regardaient comme des animaux impurs ; les Romains, il y a environ deux mille ans, les clouaient déjà sur leurs portes les ailes déployées, pour protéger leurs demeures contre les maléfices des sorciers, et nous, nous n'avons pu encore, après deux mille ans, nous débarrasser de ces préjugés aussi absurdes que nuisibles à nos intérêts ; tant il est vrai que l'homme en général accueille plus favorablement le mensonge que la vérité.

Les chauves-souris sont de petits animaux couverts de poils, et pourvus de quatre membres comme tous les quadrupèdes mammifères ; seulement leurs bras et les doigts de leurs mains s'allongent démesurément et sont reliés ensemble par une fine membrane qui, lorsqu'elle est étendue, constitue une aile véritable, au moyen de laquelle l'animal peut voler rapidement et fort longtemps.

Les anciens naturalistes les rangeaient pour cette raison parmi les oiseaux ; mais les chauves-souris sont de vrais quadrupèdes et n'ont de commun avec les oiseaux que le vol; leur corps est couvert de poils, et leurs mâchoires armées de dents hérissées de pointes et propres à broyer les insectes dont elles se nourrissent. Leurs yeux sont très-petits, mais leurs oreilles sont excessivement grandes.

Ces petits animaux ont des habitudes nocturnes; ils fuient la lumière, se cachent dans les lieux obscurs, tels que les cavernes, les carrières et les souterrains des vieux monuments abandonnés, où ils passent tout le jour suspendus à la voûte par les pieds de derrière, et enveloppés dans leurs ailes comme dans un manteau. C'est lorsque le soleil est disparu, et que le crépuscule annonce l'approche de la nuit, que les chauves-souris se réveillent et quittent leurs sombres retraites pour aller chasser les insectes et les papillons de nuit dont elles font leur nourriture.

Chauve-souris.

Lorsque la chauve-souris est au repos ou veut marcher, elle replie la membrane de ses ailes comme un éventail; mais elle se traîne péniblement à terre, et ne peut s'élancer pour ouvrir ses ailes et prendre son essor; et cela par la raison fort simple que ses membres ne peuvent exécuter en même temps et avec la même facilité tous les mouvements nécessaires à la marche et au vol; c'est ce qui explique pourquoi dans leurs repos les chauves-souris se suspendent par les pieds de derrière la tête en bas ; elles n'ont alors qu'à lâcher la voûte où elles sont attachées et à étendre les ailes en tombant pour prendre leur vol.

Le vol des chauves-souris est saccadé comme en zig-zag, ce qui résulte de la poursuite incessante qu'elles font aux petits insectes dont le vol est irrégulier. Leurs yeux ne sont pas très-bons, mais leur odorat, leur ouïe et leur tact sont d'une finesse extraordinaire, et ce qui le prouve, c'est que, dans les cavernes les plus obscures, dans les ténèbres les plus profondes, ces animaux parcourent en volant les nombreuses issues de leur demeure sans hési-tation, sans jamais se heurter contre les angles avancés des roches, et avec la même sûreté qu'un autre animal en plein jour pourrait le faire. Tous les animaux qui ne sor-tent que la nuit ont les yeux organisés de façon à re-cueillir les plus faibles rayons de lumière et peuvent ainsi distinguer suffisamment les objets pour reconnaître leur route, leur proie et accomplir les actes nécessaires à leur existence ; mais dans une obscurité complète, là où man-que totalement la lumière, ces animaux ne peuvent per-cevoir des rayons qui n'existent pas, ils y sont aussi aveugles que nous-mêmes. D'ailleurs des chauves-souris auxquelles on a crevé les yeux ne s'en dirigent pas moins sûrement ; c'est donc au moyen de leurs autres sens, et probablement par la seule diversité des impres-sions de l'air que ces animaux se conduisent.

Le vol saccadé des chauves-souris les fait souvent choisir comme but par tous ces sots brûleurs de poudre qui tuent pour le plaisir de tuer. Ils exercent leur adresse sur ces pauvres bêtes le soir, et sur les hirondelles pen-dant le jour. Triste plaisir, en vérité, que celui d'ôter la vie à d'innocentes créatures qui, loin de nous nuire, nous sont très-utiles en détruisant des quantités considérables d'insectes nuisibles. Les chauves-souris font la chasse principalement aux hannetons et aux papillons de nuit ; or, vous savez tous que ces insectes pondent des centaines d'œufs, d'où sortent des vers ou des chenilles, qui se répandent sur les plantes que nous cultivons pour notre subsistance, les dévorent à belles dents, et les font souvent mourir ; par chaque papillon que détruit la chauve-souris, elle nous délivre donc d'une armée de chenilles qui auraient ravagé nos plantations ; et lorsque vous tuez un de ces pauvres animaux pour le clouer sur votre porte, vous payez ce meurtre en bons grains ou en beaux fruits.

Il existe plusieurs espèces de chauves-souris en France, toutes de petite taille ; les plus communes sont le *vespertilion* ou chauve-souris ordinaire dont les oreilles sont de la grandeur de la tête, et l'*oreillard* qui les a presque aussi grandes que son corps tout entier.

On rencontre dans l'Inde et en Amérique de fort grosses chauves-souris qui sont très-incommodes et même nuisibles ; telle est la *roussette*, qui atteint la grosseur d'une poule ; cet animal ne se nourrit pas d'insectes comme nos espèces de France, mais de fruits, et elle commet souvent de grands dégâts dans les vergers. Aussi les habitants usent-ils de représailles en les tuant et les mangeant, car leur chair passe pour être très-délicate. Le vampire d'Amérique est devenu célèbre par ce qu'en ont raconté les voyageurs ; ceux-ci s'accordent à dire que lorsque cette chauve-souris rencontre un animal ou un homme endormi, elle lui fait à l'aide de sa langue dure et pointue une petite plaie par laquelle elle suce le sang, et qu'elle leur en tire parfois assez pour les affaiblir, ou même les faire mourir ; mais ces récits sont probablement fort exagérés.

NEUVIÈME VEILLÉE.

—

DE QUELQUES ANIMAUX RÉPUTÉS NUISIBLES.

—

LA MARTE, LA BELETTE, LE FURET.

Il existe des animaux qui, nuisibles à certains égards, sont utiles à d'autres, et pour lesquels l'agriculteur devrait établir la balance entre les services qu'ils rendent et le mal qu'ils font ; mais l'homme n'a qu'une manière de procéder à leur égard, il les détruit tous indistinctement. — Cependant, si nous examinons sérieusement la question, peut-être trouverons-nous, que, en détruisant ces animaux, nous agissons contre nos propres intérêts.

La marte, la fouine, la belette, la taupe, le renard sont au nombre des êtres réputés malfaisants. Ces animaux sont nuisibles en effet ; mais ils rendent d'autre part de grands services à l'agriculture, et nous devons rechercher sans prévention si le bien qu'ils produisent ne l'emporte pas sur le dommage qu'ils causent.

Les martes, fouines, putois et belettes sont de tous les animaux carnassiers les plus féroces et les plus sanguinaires ; ils ne se nourrissent que de proie vivante, et préfèrent encore le sang à la chair.

Ils sont courageux et rusés, doués d'une souplesse et

d'une agilité extrèmes, et favorisés par la forme allongée et grêle de leur corps qui leur permet de se glisser partout et de passer par les plus petits trous. Aussi malheur au fermier négligent si l'un de ces animaux vient à rôder autour de la basse-cour; pour peu que la porte ne joigne pas le seuil, ou qu'il y ait un trou au mur, il y pénètre et met à mort tous les petits animaux domestiques qu'il y rencontre. Telles sont, en effet, les mœurs de plusieurs espèces du genre des martes, la fouine et le putois surtout, qui s'établissent aux environs des fermes et des lieux habités, y commettent de grands dégâts qu'il est difficile d'empêcher; aussi je les abandonne volontiers à votre vengeance, bien qu'ils vous rendent des services en détruisant quantité de rats, mulots et autres petits rongeurs qui dévastent nos champs. Mais il n'en est pas ainsi de la marte et de la belette; la première, assez rare aujourd'hui en France, ne s'approche jamais des habitations, et n'y commet par conséquent aucun méfait; elle reste dans les bois ou dans leur voisinage, et ne fait d'autre tort à l'homme que de détruire quelque menu gibier, tel que lapins et perdrix; elle nuit donc plus à nos plaisirs qu'à nos besoins, c'est-à-dire plus à la chasse qu'à l'agriculture; à ce dernier point de vue, la marte est même un animal utile, car elle fait une guerre active aux mulots, aux loirs, aux lérots et même aux serpents.

La *marte* est un peu plus petite que la fouine, à laquelle elle ressemble d'ailleurs beaucoup; mais un caractère qui l'en fera toujours distinguer facilement est qu'elle a la gorge jaune, tandis que la fouine l'a toujours blanche. Cet animal ne se creuse pas de terrier, et n'habite même pas ceux qu'il trouve tout faits; il se blottit dans quelque trou d'arbre et y reste généralement caché pendant une partie de la journée. — La femelle, lorsqu'elle veut mettre bas, se met en quête de quelque nid d'écureuil dont elle chasse ou mange le propriétaire, et l'arrange commodément pour ses petits; elle prend grand soin de ceux-ci, les fait sortir dès qu'ils sont assez forts et leur apprend à grimper, à chasser et à surprendre leur proie.

La *belette* est la plus petite de toutes les espèces de martes; elle ne dépasse guère six pouces (0,16) de long, mais c'est la plus agile, la plus souple, et la plus audacieuse de toutes. Sa petite taille et son corps mince et flexible comme celui d'un serpent lui permettent de se glisser par les plus petites ouvertures.

La belette.

La belette ne fuit pas comme la marte le voisinage des habitations, elle s'en éloigne même peu, et devient parfois pour le cultivateur un commensal incommode. Pendant la belle saison, elle gagne la campagne, fréquente les prairies et le bord des ruisseaux, et se loge dans quelque trou d'arbre, de rocher, dans un terrier de mulot, ou même de taupe dont elle égorge le propriétaire; mais à l'automne elle gagne avec sa famille la plus prochaine habitation, et s'établit dans un grenier à fourrage ou une grange. Si de là elle trouve moyen de se glisser dans le poulailler ou le colombier, elle y fera bien quelque dégât; mais elle n'attaque guère que les poussins et les pigeonneaux. En revanche, elle est l'ennemie la plus déclarée des souris, des mulots, des rats, des loirs; elle ne leur laisse ni paix, ni trêve, les poursuit jusqu'au fond de leurs trous, et en détruit une quantité considérable ; elle leur coupe la gorge de ses dents aiguës, ou leur perce le crâne pour leur sucer la cervelle ; mais le plus souvent elle abandonne le cadavre sans y toucher autrement.

La belette, à ce point de vue, est réellement utile et nous rend des services signalés ; sans elle tous ces petits rongeurs qui dévastent nos champs pulluleraient à l'infini, et formeraient bientôt une armée dévastatrice prête à renouveler chez nous l'effrayant miracle des plaies d'Égypte. Maintenant, qu'elle se paie par elle-même et à nos dépens des services qu'elle nous rend, c'est ce dont je ne cherche pas à la justifier ; mais que sont en réalité les petits brigandages qu'elle exerce comparés aux maux dont elle nous préserve ?

Quant à moi, **pour me résumer**, je vote la destruction de la fouine et **du putois (1)**, mais je réclame la tolérance en faveur de la marte et de la belette.

Le *furet* n'existe pas en France à l'état sauvage, nous ne le possédons qu'en domesticité, si tant est qu'on puisse considérer comme domestique un esclave toujours révolté, et qu'on ne peut conduire qu'à la chaîne. Le furet nous a été apporté d'Espagne, et les Espagnols l'ont eux-mêmes tiré d'Afrique, pour mettre un terme à la multiplication et aux ravages des lapins sauvages. Cet animal ressent, en effet, dès sa naissance, une telle haine pour les lapins, qu'aussitôt qu'on en présente un, même mort, à un jeune furet qui n'en a jamais vu, il se jette dessus et le mord avec fureur.

Les chasseurs ont profité de cette antipathie instinctive du furet pour le dresser à la chasse, autant du moins que le permet son naturel sauvage et indisciplinable. Il faut

---

(1) Voyez la IIᵉ partie : *Animaux nuisibles.*

avoir soin de le museler avant de le poser à l'entrée du terrier, car sans cela il tuerait le lapin, lui mangerait la cervelle, s'abreuverait largement de son sang et s'endormirait sur le corps de sa victime ; en sorte que le chasseur perdrait à la fois le lapin et son furet, car dans ce cas il est impossible de le faire sortir. Quand il est muselé, le furet ne peut attaquer le lapin qu'avec ses ongles, le pauvre lapin épouvanté se hâte de fuir son cruel ennemi, et va donner tête baissée dans le filet que le chasseur a tendu à l'entrée du terrier.

Le furet paraît n'être qu'une variété de putois apprivoisée, et il ne se distingue de ce dernier que par sa fourrure d'un blanc jaunâtre et ses yeux roses ; encore naît-il souvent des petits dont le pelage est, comme celui du putois, mêlé de blanc, de fauve et de noir. Cet animal n'est jamais parfaitement apprivoisé, car il ne paraît pas reconnaître son maître, ou du moins il n'obéit pas à sa voix, et il ne se fait pas faute de mordre la main qui le nourrit lorsqu'il en trouve l'occasion.

DE QUELQUES ANIMAUX RÉPUTÉS NUISIBLES.

(SUITE.)

LA TAUPE, LE RENARD.

La taupe.

J'ai tenté de réhabiliter la marte et la belette ; mais j'aurai sans doute plus de difficulté à combattre vos préventions contre un autre animal, dont la réputation est aussi noire que la fourrure ; je veux parler de la taupe ; que l'on considère, bien à tort, selon moi, comme la bête la plus nuisible entre toutes.

Depuis des siècles, on répète à l'envi que la taupe est un fléau pour l'agriculture, qu'elle fait le plus grand tort aux terres et aux jardins en les fouillant dans tous les sens, qu'elle coupe et dévore les racines des plantes, etc., etc ; mais tout cela est au moins fort exagéré, comme j'espère vous le prouver en vous parlant de ses mœurs.

La taupe, que vous connaissez tous, a communément six pouces (0,16) de longueur ; son poil, d'un noir luisant, fin, doux et serré, la fait paraître comme vêtue de velours. La vie de cet animal est toute souterraine, et ses formes sont éminemment appropriées à ce genre d'existence : ses pattes de devant, très-courtes et très-vigoureuses, sont

terminées par une main extrêmement large, tranchante à
son bord inférieur, et dont la paume est tournée en dehors ou en arrière, ce qui fait que lorsqu'elle fouille, la
terre se trouve rejetée de chaque côté du corps, et non
lancée sous son ventre, comme cela arriverait si la main
eût conservé sa direction naturelle ; on y distingue à peine
les doigts ; mais les ongles qui les terminent sont longs,
plats, forts et tranchants. Tel est l'instrument que la taupe
emploie pour déchirer la terre et pour la pousser en arrière. Pour percer le sol, la taupe se sert de sa tête allongée et pointue, dont le museau est armé au bout d'un petit os particulier. Le train de derrière est faible, et l'animal, sur la terre, se meut aussi péniblement qu'il le fait
avec vitesse dessous. Il a l'ouïe très-fine, bien qu'on n'a-
perçoive pas l'oreille à l'extérieur ; mais son œil est si petit et tellement caché par le poil que sa vue doit être très-
faible ; il n'est cependant pas aveugle, comme on le croit
assez généralement.

La taupe.

Les taupes vivent isolées, chacune dans des galeries
particulières ; elles ne sortent guère de leur terrier que
lorsqu'elles veulent changer de canton. Suivant les saisons et la nature du terrain, les galeries des taupes sont
plus ou moins profondément situées, mais elles ne creusent jamais bien bas. Elles choisissent ordinairement un

terrain meuble et fertile, et s'éloignent également des endroits pierreux et des lieux marécageux ou simplement très-humides.

La taupe creuse le sol avec son boutoir et ses pattes de devant et soulève la terre avec sa tête; elle peut en fort peu de temps sillonner une assez grande étendue de terrain. Elle travaille dans toutes les saisons, mais c'est surtout au printemps qu'elle montre la plus grande ardeur; son activité diminue en hiver, bien qu'elle ne s'engourdisse pas pendant la saison froide, comme les loirs, la marmotte, le hérisson, etc. Deux fois par jour, la taupe sort de ses galeries pour fouiller la terre à la recherche des vers et des larves d'insectes, dont elle fait sa nourriture. Elle creuse horizontalement à partir d'un point de centre, et dans des directions différentes; les taupinières qu'elle forme de distance en distance ont pour objet de rejeter en dehors la terre fouillée qui obstruerait le passage.

La taupe court avec vitesse dans les galeries qu'elle se creuse, mais sur le sol elle se traîne avec peine; cependant elle s'enfouit avec tant de rapidité qu'elle se soustrait bien vite à la vue de ses ennemis. La femelle met bas deux fois par an, et chaque portée se compose de quatre à cinq petits; elle prend le plus grand soin de ses enfants et les dépose dans une grande chambre tapissée d'herbes, qu'elle creuse dans la partie la plus élevée et la plus sèche du terrier.

La taupe se nourrit exclusivement de vers, de larves, d'insectes et de petits animaux; il n'est point vrai qu'elle dévore les racines des plantes, et il est aussi peu vrai qu'elle fasse des provisions pour l'hiver, provisions qui ne lui seraient d'aucune utilité, puisqu'elle se nourrit exclusivement de substances animales.

La taupe produit quelques dommages aux cultures:

rien n'est plus vrai. Les nombreuses galeries qu'elle creuse au-dessous du sol, lorsqu'elles sont près de la surface, causent du préjudice aux plantes qui se trouvent placées au-dessus ; mais en réalité ce dommage est loin d'être aussi grand qu'on le dit, surtout si on le met en regard des services qu'elle rend.

Dans les prés, dites-vous, les taupinières empêchent de faucher l'herbe au ras de terre, ce qui fait perdre une partie du foin ; mais si vous aviez soin de répandre avec une bêche sur toute la surface du pré la terre meuble et fertilisante de ces monticules, loin de nuire, cette bonne terre renouvellerait la couche supérieure de la terre végétale, rechausserait les racines des plantes, souvent mises à nu par les fortes pluies et améliorerait vos prairies. Le plus grand dégât que commette en réalité la taupe consiste à ramasser quelques tiges de graminées pour en tapisser son nid, et c'est là ce qui a fait croire à ses approvisionnements d'hiver.

Si nous considérons maintenant les services qu'elle rend à l'agriculture, nous verrons que la taupe ne mérite pas toutes les malédictions dont on l'accable : la taupe a un appétit insatiable, toujours renaissant, jamais elle n'est complétement rassasiée, et ses facultés digestives sont tellement puissantes, qu'on a calculé que cet animal consommait par jour une nourriture équivalente à deux ou trois fois le poids de son corps. Or, comme je vous l'ai dit, la nourriture de la taupe est tout animale ; elle consiste en vers, larves et insectes de toutes sortes ; elle détruit surtout des quantités considérables de vers de terre, de taupes-grillons (courtilières), et de larves de hannetons, véritables ennemis de nos cultures ; elle attaque également et tue les mulots, les souris et autres petits animaux destructeurs, et nous tirons ainsi de son immense voracité des avantages certainement plus grands que les dommages qu'elle nous cause.

Détruisez ses galeries, tendez-lui des piéges, éloignez la des lieux ou elle peut véritablement nuire, comme dans les jardins où ses galeries bouleversent parfois les plates bandes chargées de jeunes plantes, mais laissez-la vivre là où son travail vous rapporte plus de profit que de perte.

Le Renard.

Un autre animal, nuisible à certains égards mais utile à d'autres est le renard ; et c'est à tort qu'on le dit aussi nuisible que le loup. Comme lui, il a l'instinct de la rapine ; mais, avec plus de ruse, plus d'agilité et de souplesse, il a moins de force et ne peut nous faire autant de mal. Et même si l'on pèse avec soin le mal et le bien qu'il nous fait, on sera forcé de reconnaître qu'il est plus utile que nuisible à l'agriculture.

Que reproche-t-on principalement au renard ? — D'abord de détruire le menu gibier, c'est-à-dire les lièvres, les lapins, les perdrix, etc., et cela est vrai ; mais ces animaux, bien qu'ils fournissent à la nourriture de l'homme et surtout aux plaisirs de la chasse, font beaucoup de tort à l'agriculture ; ce n'est donc point au cultivateur à se plaindre du renard à ce point de vue. Mais il l'accuse avec plus de raison de détruire la volaille, et il est vrai que ce maître fripon ne s'en fait pas faute toutes les fois qu'il en trouve l'occasion ; s'il vient à rôder autour de la basse-cour, malheur au volatile qui ne serait pas rentré, et, s'il peut pénétrer dans le poulailler, il fait main-basse sur tout ce qu'il rencontre, et, à défaut des poules, il dévore les œufs. Mais il n'est point vrai, comme on le dit, qu'il ait le pouvoir de fasciner ces oiseaux, et qu'il puisse en les fixant les faire tomber de leur perchoir dans sa gueule; il est obligé de déployer dans la chasse aux poules autant de précautions, autant de ruses qu'il en emploie pour surprendre les perdrix ou les lapins. En réalité, le renard n'est pas très à craindre pour le fermier soigneux et vigilant, et il ne peut que profiter d'une négligence pour entrer dans le poulailler pendant la nuit; ce n'est qu'une volaille écartée qu'il peut enlever pendant le jour, temps qu'il passe le plus souvent à dormir dans quelque épais fourré, car, comme tous les voleurs, c'est dans les ténèbres qu'il commet ses méfaits.

Le renard.

Le renard est fameux par ses ruses et mérite sa réputation; ce que le loup fait par la force il le fait par adresse. Il est fin autant que circonspect, plein de ruse et de patience; mais en même temps il est très-défiant et très-craintif. Il sait qu'il a tout à craindre des hommes et des chiens, et ce n'est que pressé par le besoin qu'il s'approche des habitations; dans les pays giboyeux, où les plaines et les bois ne le laissent pas manquer de proie, il fuit avec soin la demeure des hommes, et ce n'est guère que les vieux renards, rompus aux stratagèmes de toutes sortes, et qui n'ont plus l'agilité nécessaire pour chasser le gibier, qui viennent chercher fortune à leurs risques et périls dans le voisinage des habitations. Ce sont ceux-là qui, poussés par le besoin, deviennent entreprenants et audacieux, et sont par conséquent à craindre. Contre ceux-là sévissez de toutes vos forces, garantissez-vous de ces croqueurs de poules au moyen du fusil et des piéges : vous ferez bien ; mais il n'en est plus de même lorsque vous déterrez ou enfumez les petits. Ceux-ci, en effet, pendant les quinze à dix-huit premiers mois ne vivent que de mulots, de souris, de grenouilles et d'insectes, que leur mère leur apporte d'abord et qu'elle leur apprend ensuite à saisir eux-mêmes. La portée d'une renarde est de quatre à six petits, et ces jeunes animaux, doués d'un robuste appétit, travaillent à maintenir dans de justes bornes la multiplication de tous ces petits mais redoutables rongeurs qui sont en réalité le fléau de l'agriculture.

J'ai passé en revue, si je ne me trompe, tous les animaux mammifères qui rendent à l'homme quelques services, et le nombre n'en est pas grand, comme vous le voyez. Il en est cependant quelques autres, qui, de nuisibles ou d'indifférents, pourraient devenir utiles, si l'homme s'appliquait à les dompter et à les dresser suivant ses besoins : telle est la loutre, par exemple, que nous pourrions dresser à nous rapporter le poisson qu'elle pêche, comme nous avons dressé le chien à nous rapporter le gibier qu'il prend.

DOUZIÈME VEILLÉE.

LA BASSE-COUR.

La classe des oiseaux nous offre, comme celle des quadrupèdes mammifères, tous les genres d'utilité, bien qu'ils soient inférieurs à ces derniers sous le rapport de l'intelligence et de la faculté de se laisser apprivoiser. On a pu cependant dresser certaines espèces pour la chasse, comme les faucons; en exercer d'autres à la pêche, comme le cormoran; ou même leur confier la garde et la conduite des troupeaux, comme l'agami.

Une foule d'oiseaux offrent à l'homme des aliments savoureux ou fournissent des produits précieux à l'industrie, aux arts, à l'économie rurale.

Il en est d'autres qui nous rendent de tels services que leur destruction a été regardée comme un fait justiciable des lois : tels sont les échassiers, qui purgent la terre d'une foule de reptiles nuisibles; les oiseaux de proie, qui la débarrassent des corps en putréfaction, et cette foule d'espèces qui font aux insectes destructeurs une guerre si profitable à la culture.

Il en est cependant aussi qui commettent des dégâts; mais ces mêmes déprédateurs de nos récoltes et de nos vignobles sont précisément, pour la plupart, ceux-là même qui fournissent des aliments à nos tables.

En tête des oiseaux utiles se présentent naturellement nos oiseaux de basse-cour : le coq et et la poule, les oies, les canards, le dindon, les pigeons.

Coq et poule noirs d'Espagne

Le coq et la poule sont surtout pour la ferme une source de profits, et leur choix est par conséquent d'une grande importance. Un bon coq doit être de taille moyenne, à plumage brillant et varié, portant la tête haute, garnie d'une large crête et de barbes bien pendantes d'un beau rouge vif, la queue recourbée en faucille et bien relevée. Il doit avoir l'œil brillant, le bec fort et crochu, la poitrine large, les cuisses longues, grosses, bien fournies de plumes; les pieds forts, garnis d'ongles bien saillants et d'ergots ou éperons longs et pointus; ses mouvements doivent être libres, pétulants, et sa voix étendue. De plus, un bon coq chante souvent, gratte vivement la terre, et montre un soin empressé pour ses poules, dont le nombre ne doit pas dépasser douze.

On reconnaît l'âge du coq à la longueur et à la dureté de ses ergots, ou bien encore aux écailles plus ou moins fortes de la patte. A quatre ans, il commence à perdre de sa vigueur, et il est bon de le remplacer; mais il ne faut pas le faire par un coq de moins de cinq à six mois.

La poule bonne pondeuse doit avoir la tête grosse et haute, la crête très-rouge, pendante sur le côté, l'œil vif, le cou gros et la poitrine large, le corps gros et carré, les jambes et les pieds jaunes, armés d'ongles courts et forts. La grosseur du corps et la couleur de la robe sont indifférentes; qu'elle soit noire ou brune, rousse ou variée de blanc et de noir, elle sera également bonne, si elle annonce une forte constitution. Quoi qu'on en dise, les poules huppées ne sont pas plus que les autres exemptes des vices et des maladies qui désolent parfois nos basses-cours. Une bonne poule est celle qui pond de seize à dix-huit œufs par mois, qui n'est ni farouche ni querelleuse et qui couve tranquillement. Les poules blanches, dont le bec et les pattes sont de couleur très pâle, doivent être sacrifiées les premières; non qu'elle pondent moins que les autres, mais parce qu'elles s'épuisent plus vite. Il faut se défaire également des poules qui chantent à la manière des coqs; non, comme on le dit assez généralement dans les campagnes, parce que ce cri est de mauvais augure, mais parce qu'il indique d'ordinaire une nature turbulente et querelleuse.

Coq de Cochinchine.

Comme tous les animaux soumis à la domesticité, le coq présente de nombreuses variétés : l'on distingue le *coq villageois* ou ordinaire, qui est le plus répandu; le *coq huppé*, qui n'en diffère que par la touffe de plumes qui surmonte sa tête et remplace la crête; le *coq pattu*, dont les jambes sont emplumées; le *coq nègre*, dont la peau est noire; le *coq de Caux*, semblable ou coq ordinaire, mais beaucoup plus gros; la poule de Caux est une des plus estimées, parce qu'elle donne beaucoup de gros œufs et que sa chair est délicate.

Les poules pondent des œufs sans l'intervention du coq et ces œufs sont excellents pour la consommation; mais, comme ils ne sont pas fécondés, on ne doit pas les faire couver. Dans le Midi, les poules pondent depuis fin janvier jusqu'à fin septembre; dans nos départements du Nord, elles ne commencent qu'en mars. Toute poule qui se dispose à couver pond chaque jour un, ou même quelquefois deux œufs; le moment où elle cesse de pondre indique celui du couvage. Elle manifeste cette disposition par un gloussement particulier, différent de son chant habituel. Il faut préférer comme couveuses les poules de trois à cinq ans, et on peut leur confier de quinze à vingt œufs, que l'on choisit les plus gros et les plus frais. L'on prétend reconnaître les œufs qui contiennent des mâles de ceux qui contiennent des femelles à ce caractère, que les premiers sont pointus, tandis que les autres sont arrondis aux extrémités; cependant l'expérience ne m'a pas paru confirmer cette assertion.

A l'état sauvage, la poule se construit un nid dans les bois et y apporte autant de soin que la perdrix; mais la poule domestique s'en rapporte à la ménagère, c'est donc à elle à préparer le nid : c'est un simple panier, au fond duquel on met une couche de foin, que l'on renouvelle tous les quinze jours au temps de la ponte, et immédiatement après la couvée. L'incubation, ou action de couver, dure de vingt à vingt-quatre jours; au bout de ce temps le petit poulet brise la coquille de l'œuf, au moyen d'un petit onglet osseux dont est armé le bout de son bec; il en sort, se glisse sous le ventre de la couveuse, se sèche, se lève, marche, et ramasse sa nourriture. Durant quelques semaines, il a besoin que la couveuse le protége, le guide, et lui procure sous ses ailes un abri contre le froid et les intempéries. Plus le lieu de la couvée sera chaud et sec, plus il sera tenu propre, plus enfin la nourriture et l'eau y seront abondantes et renouvelées, mieux le poussin prospérera.

Dans certains pays, on fait éclore les œufs au moyen d'une incubation artificielle; en Egypte, on se sert de fours particuliers, et ceux qui sont chargés de ce soin en ont une telle habitude qu'ils font éclore ainsi des milliers d'œufs sans éprouver presque jamais de mécompte.

On peut conserver les œufs dans leur état de fraîcheur pendant un temps assez long en les plongeant dans une eau de chaux convenablement étendue, ou mieux encore dans une solution peu saturée de muriate (chlorure) de chaux ; un autre moyen fréquemment employé, mais d'une réussite moins assurée, est d'enduire les œufs d'un vernis gras, ou même d'une simple couche de gomme arabique. Les Écossais se contentent de plonger les œufs dans l'eau bouillante le jour où ils sont pondus, comme pour les manger à la coque, puis de les mettre en réserve dans un lieu frais ; quand ils veulent les manger ils les font réchauffer en les plongeant de nouveau dans l'eau bouillante, ets il ont le même goût, dit-on, que les œufs frais du jour. Dans tous les cas, les œufs non fécondés sont les plus propres à être conservés.

On trouve quelquefois dans les poulaillers de petits œufs sans jaune que l'on prétend être des *œufs de coq*, et qui, suivant une croyance très-répandue, malgré sa singularité, donnent naissance à un serpent. C'est un conte absurde et qui révolte le bon sens ; le coq n'est pas plus capable de pondre des œufs que le taureau de produire un veau ou le cheval un poulain. Ces œufs sont tout simplement le produit d'une poule trop jeune ou le dernier effort d'une poule épuisée, et ce que les amis du merveilleux prennent pour un petit serpent n'est que le cordon ou chalaze que l'on retrouve dans tous les œufs.

A cause de sa hardiesse, de son courage et de sa vigilance, le coq a souvent été pris pour l'emblème des vertus guerrières. Les hommes qui abusent de tout ont profité de l'insurmontable antipathie que les coqs montrent les uns pour les autres pour se donner le spectacle des combats acharnés que se livrent entre eux ces animaux. C'est surtout chez les Anglais que cette coutume barbare jouit de la plus grande faveur, et l'on y pousse le raffinement jusqu'à armer les éperons des combattants d'un fort tranchant, afin que la victoire demeure moins longtemps indécise. Sachons mieux tirer parti des utiles leçons que peu-

vent nous donner les animaux ; et si le laboureur cherche
à imiter le coq que ce soit, non dans son humeur jalouse
et querelleuse, mais dans sa vigilance et son activité; qu'il
ait l'œil ouvert sur tout ce qui se passe chez lui et autour
de lui, et que, comme cet oiseau, il ne laisse rien perdre et
sache tirer parti de tout.

Le coq que l'on a privé de ses facultés génératrices
prend le nom de *chapon*; il acquiert beaucoup d'embonpoint, s'engraisse avec facilité, et sa chair devient très-délicate ; c'est à l'âge de trois mois que l'on fait subir aux
poulets l'opération de la castration, et on leur coupe
aussi la crête; on les tient ensuite renfermés pendant trois
ou quatre jours, après quoi on peut les lâcher. Pour engraisser les chapons, on les confine dans un endroit res-
serré et obscur, et on leur donne à manger de l'orge, du
sarrasin, ou mieux encore une pâtée faite avec de la farine
de maïs. Une poule à laquelle on a enlevé l'ovaire pour
l'engraisser, la rendre tendre et en même temps stérile,
s'appelle *poularde* : chacun connaît la réputation dont
jouissent les poulardes du Mans.

L'Oie.

L'oie est peut-être le plus utile des oiseaux de la basse
cour; outre sa chair et sa graisse qui surpasse en délicatesse toutes les autres graisses employées dans la cuisine,
outre ses œufs qui sont très gros et très nourrissants, sa
peau, son duvet, et ses plumes offrent à l'industrie des
branches de commerce fort lucratives.

L'oie est un oiseau palmipède, c'est-à-dire que ses
doigts sont réunis par une large membrane qui fait de ses
pieds de véritables nageoires ; mais, malgré son organisation, cet oiseau est moins aquatique que terrestre; il nage
peu et ne plonge point; il aime les prairies humides et

même les marais, mais il ne reste jamais longtemps en pleine eau.

Oie de Toulouse. — Canard.

Les oies ont une réputation de stupidité qui est devenue proverbiale, et qu'elles doivent plutôt à la mauvaise grâce et à la lourdeur de leur démarche qu'à toute autre cause ; car cette réputation est fort peu méritée ; même à l'état domestique, ces oiseaux sont doués d'instincts fort remarquables.

Les oies sauvages ne visitent nos contrées qu'en hiver, et suivant que le froid est plus ou moins rigoureux, elles descendent plus ou moins vers le midi. Pendant l'été elles habitent les régions glacées du Spitzberg et du Groenland, où elles sont d'une immense ressource pour les malheureux habitants de ces pays.

Le vol des oies sauvages pendant leurs voyages est très-remarquable, il est toujours fort élevé, et se fait dans un ordre qui dénote un instinct merveilleux. Elles se rangent sur deux lignes obliques, formant un angle aigu comme un ⋟ couché ; chaque troupe est composée d'environ quarante à cinquante individus, et chacun y garde sa place avec une justesse admirable. Le chef de la troupe se place à la tête et forme la pointe de l'angle ; il fend l'air le premier et ouvre ainsi la route à ceux qui le suivent, et, lorsqu'il est fatigué, il quitte le poste et va se reposer au dernier rang ; celui qui le suit le remplace, et chacun à son tour prend la direction de la troupe.

Les oies sauvages restent à terre pendant tout le jour et ne se rendent à l'eau que la nuit pour y chercher leur sûreté ; différant en cela des canards qui, au contraire, restent sur les eaux tout le jour et ne les quittent que le soir pour aller pâturer dans les champs.

Les oies ont la vue fort bonne, l'ouïe excellente et des instincts très-développés ; elles savent déjouer toutes les ruses des chasseurs, placent des sentinelles et montrent une défiance qui rend très-pénible la chasse qu'on leur fait.

L'oie est très-vorace ; elle peut causer des dégâts dans les blés et dans les vignes si on l'y laisse en liberté ; mais lorsqu'on la conduit au bord des eaux, dans les landes ou sur les champs dépouillés de leurs récoltes, loin d'être nuisible, elle devient fort utile à l'agriculture ; car, non-seulement sa fiente est un excellent amendement, mais elle détruit une foule de larves et d'insectes nuisibles.

L'oie mange de tout ; cependant sa nourriture la plus convenable est l'orge et l'avoine ou le maïs ; elle aime beaucoup le trèfle, la vesce, la chicorée et la laitue. Elle a surtout besoin d'eau, et là ou les rivières ou les étangs manquent, il convient de creuser au milieu de la basse-cour un petit bassin où elle puisse barboter à son aise.

Le mâle se nomme jars, la femelle oie et les petits oisons. On donne à un jars de 8 à 12 femelles.

L'oie donne beaucoup d'œufs, douze, quinze et même dix-sept par ponte ; elle commence en mai. L'incubation ou action de couver dure environ trente jours, et pendant tout ce temps le jars fait sentinelle auprès du nid ; il se courrouce et siffle comme un serpent dès qu'on en approche, et sa morsure est alors dangereuse. L'oie connaît ses œufs, et se soumet difficilement à en couver d'étrangers, et en cela elle montre beaucoup plus d'intelligence que la poule ; celle-ci accepte en effet et couve tous les œufs qu'on lui confie, même des œufs de plâtre.

On tient les petits enfermés durant les huit premiers jours, et on les nourrit avec de la farine d'orge et de maïs détrempée dans de l'eau miellée, ou bien avec des herbes hachées et unies à du son de froment ou à des graines de plantes légumineuses réduites en poudre. Le froid est très-nuisible aux oisons : il ne faut donc les conduire aux pâturages que par le beau temps. Il faut éviter aussi de faire trouver les jeunes de l'année avec ceux de l'année précédente, car ces derniers les maltraitent toujours.

L'engraissement des oisons doit commencer un mois après leur naissance : il faut d'abord enlever le réservoir d'huile que les oies portent sur le croupion, et qui leur sert à oindre et à lisser leur plumage pour le rendre imperméable à l'eau ; puis, leur donner une nourriture abondante et substantielle, en les privant de tout exercice. Dans ce but, on les enferme deux ou trois ensemble sous une cage sans fond, dans un lieu également abrité du grand jour, de l'excès d'humidité ou de sécheresse et du bruit ; leur existence se trouve ainsi toute concentrée dans les fonctions digestives. On leur donne pour boisson un mélange mi-parti d'eau et de lait écrémé , et on les nourrit avec une pâte composée de farine de blé, d'avoine et de sarrasin délayée dans du lait ; on en fait des boulettes de la grosseur du doigt dont on gave le pauvre animal trois fois par jour et à heures fixes. Au commencement de l'opération, on donne peu de nourriture à la fois, puis on l'augmente au fur et à mesure, en ayant soin de s'assurer que les aliments précédents sont entièrement passés. Quatre à six semaines suffisent pour amener une oie à son plus haut point de graisse et pour donner au foie un développement considérable. On reconnait que l'engraissement est parfait du moment où une pelote de graisse se montre sous chaque aile.

Cette méthode est la plus simple, et remplace parfaitement les moyens barbares que l'on emploie encore, à la honte de l'humanité, dans un grand nombre de localités. Si l'homme a le droit de faire servir les animaux à sa nourriture, il n'a pas celui d'infliger à de pauvres bêtes les plus affreuses tortures pour satisfaire une sensualité honteuse. N'est-ce pas commettre un acte d'une cruauté inouïe que de clouer sur une planche un pauvre oiseau, de le tenir constamment devant un grand feu, et de le bourrer de nourriture en le privant de boisson : telle est cependant la méthode employée pour obtenir ces fameux pâtés de foie gras si recherchés par les gourmands.

L'oie est le plus productif des oiseaux de la basse-cour ; outre sa chair, sa graisse et ses œufs, il nous fournit encore son duvet et ses plumes. Le duvet se recueille sous le cou, les ailes et le ventre ; les oies les plus vigoureuses supportent cet enlèvement de deux mois en deux mois depuis mars jusqu'à septembre, lorsque l'année n'est point froide ou humide. Les plumes sont à point et peuvent être enlevées sans inconvénient dès qu'elles commencent à tomber ; il ne faut pas attendre pour plumer le volatile mort qu'il soit refroidi, le duvet et les plumes exhaleraient une odeur insupportable. Une fois enlevées, les plumes sont mises à sécher dans le four d'où l'on a retiré le pain ; sans cette précaution, les tuyaux sont encroûtés d'une substance huileuse blanchâtre. Pour qu'elles soient propres à écrire, il faut encore en passer le tuyau sous la cendre chaude, ou, encore mieux, les tremper dans l'eau bouillante, et quand elles sont ramollies, les comprimer avec le dos d'une lame de couteau jusqu'à ce que la corne soit transparente ; puis on les replonge dans l'eau, on les arrondit et on les fait sécher.

La peau garnie de son duvet sert à faire des fourrures et des houppes à poudrer ; les petites plumes sont employées par les plumassiers à garnir les lits, les coussins, les oreillers.

Le Canard.

Le canard est proche parent de l'oie ; il a, comme elle, les pieds palmés, c'est-à-dire les doigts réunis entre eux par une membrane, ce qui lui permet de nager avec facilité. Le canard va beaucoup plus à l'eau que l'oie, et n'en sort guère que la nuit ; à terre, ses jambes, courtes et placées très en arrière, rendent sa démarche lourde et embarrassée.

A l'état sauvage, les canards habitent le nord des deux continents ; ils ne sont que de passage dans nos régions tempérées. Ils vivent en société et voyagent par troupes nombreuses ; leur vol est très-élevé comme celui des oies et s'exécute dans le même ordre. Ils se nourrissent de frai, de limaçons, de vers, d'insectes aquatiques, de plantes et de graines.

La femelle pose son nid dans les roseaux, dans les herbes, ou même sur les arbres qui bordent l'eau ; elle y pond seize œufs de couleur blanchâtre. Aussitôt que les petits sont éclos, le père et la mère les mènent à l'eau ; dès lors les canetons ne retournent plus au nid ; ils acquièrent toute leur grosseur avant de pouvoir voler.

Les canards sauvages sont fort recherchés comme gibier ; aussi leur fait-on une chasse active et leur tend-on une foule de piéges lors de leur passage ; cette chasse a surtout lieu dans la Picardie et la Normandie. Mais nos races domestiques sont encore plus précieuses par l'utilité qu'elles offrent.

Nos canards domestiques ou barboteux, comme on les appelle, descendent du canard sauvage, et proviennent sans doute d'œufs de cette espèce qui ont été couvés par des poules et conservés dans nos habitations Leur éducation, qui est à peu près la même que celle des oies, donne d'excellents profits. Leurs œufs, moins gros mais plus agréables au goût que ceux de l'oie, leur chair plus facile à digérer et leurs plumes sont des biens d'autant plus précieux qu'il faut moins de peine pour les obtenir. En effet, les canards sont peu difficiles pour la nourriture; ils se contentent des graines répandues dans la basse-cour, et que dédaignent les autres volailles, des restes de la cuisine, et même ils trouvent à glaner dans les ordures que fournit le nettoyage de la maison; il leur suffit d'avoir à leur portée de l'eau dans laquelle ils puissent tremper leurs aliments pour les ramollir.

On distingue deux sortes de canards domestiques : les grands et les petits. Ceux de la première sorte sont élevés surtout en Normandie; dans la Picardie, on s'adonne plutôt à l'éducation de la petite race, qui est plus féconde et demande moins de soins.

Un seul canard mâle suffit à huit ou dix femelles; celles-ci commencent leur ponte en mars et la continuent jusqu'en mai; elles couvent pendant un mois; au bout de ce temps les petits éclosent et vont aussitôt se mettre à l'eau. La nourriture qui convient le mieux aux canetons est du pain émietté dans du lait; dès qu'ils ont pris un peu de corps, on leur donne des herbes potagères, puis tout leur devient bon. Leur accroissement est tellement rapide, qu'on en voit qui, au bout de deux mois, pèsent déjà trois kilogrammes. La voracité du canard rend son engraissement facile et très-prompt ; les grains crevés dans les lavures grasses de la cuisine, les pommes de terre cuites, les résidus des brasseries sont les aliments qui leur conviennent le mieux, et il n'est besoin ni de les enfermer comme les oies, ni de les chaponner comme les poulets.

On élève souvent dans nos fermes, avec nos canards domestiques, le *canard musqué*, espèce originaire d'Amérique et non d'Afrique, comme pourrait le faire croire le nom de *canard de Barbarie* qu'on lui donne quelquefois. Il est d'un brun noir, lustré de vert, avec une large tache blanche sur chaque aile ; son bec, le tour des yeux et les pieds sont rouges. On en voit parfois des individus tout blancs. Le nom de *musqué* lui a été donné à cause de l'odeur de musc assez forte qu'exhale l'huile dont il enduit son plumage.

LA BASSE-COUR.

(SUITE.)

Le Dindon.

Les dindons nous viennent d'Amérique, où ils vivent à l'état sauvage, réunis en troupes nombreuses, et ils semblent avoir conservé l'instinct de la liberté. Ils aiment à errer dans les bois, les bruyères et les champs, où ils savent trouver leur nourriture; tenus renfermés dans la basse-cour, ils deviennent maigres et se couvrent de vermine.

Le dindon.

Le dindon n'est pas difficile sur la nourriture, mais il

aime qu'elle soit variée ; il mange l'herbe et les baies, dévore les larves d'insectes, surtout les vers de hannetons, et recherche à l'automne les glands, qu'il mange avec avidité. Toutes les températures comme toutes les natures de sol paraissent lui convenir. Rentré à la ferme il lui faut un abri suffisamment aéré, des arbres ou des mâts garnis d'échelons, où il puisse se jucher pendant la nuit.

Le dindon sauvage est d'un brun noir à reflets verdâtres ; son bec et sa gorge sont garnis de membranes charnues ou caroncules rouges, et sur sa poitrine pend un pinceau de crins rudes. Son plumage a subi des variations sous l'influence de la domestication, et l'on en voit de toutes les nuances du noir au blanc ; mais cette dernière couleur est le signe certain d'une constitution faible. Le mâle est plus gros que la femelle, et celle-ci se reconnaît habituellement à la petitesse de ses caroncules, de ses ergots et du bouquet de poils de la poitrine.

Un seul mâle suffit à huit ou dix femelles ; il doit avoir au moins deux ans, et pas plus de quatre. La dinde pond habituellement de quinze à vingt œufs au printemps, et fait quelquefois une seconde ponte en automne ; mais elle est toujours plus faible, et les petits résistent rarement aux froids. Lorsque le moment de la ponte est arrivé, ce que l'on reconnaît au gloussement particulier et à l'agitation de la dinde, il faut la renfermer, car elle irait cacher ses œufs loin de la maison dans quelque haie ou quelque buisson, où ils deviendraient la proie des passants, des fouines ou des belettes.

Les œufs, une fois réunis, sont mis dans des paniers et confiés à une ou plusieurs couveuses ; on peut en donner dix-huit ou vingt à chaque femelle. Celle-ci s'attache tellement à ses œufs, qu'elle demeure habituellement dessus, et y oublie jusqu'au boire et au manger ; aussi faut-il avoir soin pendant ce temps de lui fournir sa nourriture et sa boisson. Le lieu de la couvaison doit être peu éclairé, loin du bruit, et surtout sec et chaud. L'incubation est ordinairement de vingt-six jours, quelquefois de trente.

Le dindon, très-robuste lorsqu'il a pris tout son accroissement, est dans son enfance fort difficile à élever; il doit être protégé beaucoup plus encore que tous les autres jeunes oiseaux de basse-cour contre le froid et l'humidité. Les œufs sont soumis, sous le ventre de la mère, à une chaleur de 25 à 30 degrés, et lorsque le dindonneau sort de la coquille, il passe quelquefois subitement de cette température élevée à 5 ou 6 degrés seulement, à cause de l'humidité dont ses plumes sont imbibées; il est donc prudent, si le temps est froid et humide, d'avoir un poêle, afin d'y maintenir une température de 15 à 18 degrés; cette précaution est d'autant plus importante, que le dindonneau souffre beaucoup du froid et est exposé à périr, surtout dans les quinze premiers jours de sa vie. La première nourriture à lui donner est de la mie de pain mêlée avec des œufs durs écrasés, ou bien un peu de viande hachée très-menu unie à de la farine d'orge et à des pommes de terre cuites. Il faut la lui donner en petite quantité et plusieurs fois dans la journée. Au bout de quinze jours, les petits peuvent suivre leur mère aux champs; les landes, les friches et autres lieux découverts, où ils trouvent beaucoup de larves et d'insectes, leur sont favorables; ces oiseaux y rendent d'ailleurs des services en tuant à coups de bec les mulots, les souris et les reptiles qu'ils rencontrent.

Environ deux mois après sa naissance, le dindonneau a encore un moment critique à passer, c'est le temps de la poussée au rouge; il faut alors avoir soin de l'abriter de la pluie, de la rosée et du froid; dès que les caroncules de la tête et du cou sont devenues rouges, le danger est passé et il peut dès lors demeurer tout le jour aux champs.

C'est à six mois qu'on doit soumettre le dindon à l'engrais, il prend assez facilement l'embonpoint de lui-même; mais si l'on veut le pousser rapidement à la graisse, on l'enferme dans un lieu obscur sec et chaud, où on lui administre d'abord une pâtée de pommes de terre, puis des boulettes de châtaignes, de farine de froment, de pois, de vesce, dont on les gave; la durée de l'engraissement est d'un mois.

Le Pigeon.

De tous les êtres que l'homme a soumis à son empire dans le but de les faire servir à ses besoins ou à ses plaisirs, aucun n'atteste mieux que le pigeon jusqu'à quel point l'influence de la domesticité peut modifier les êtres dans leurs formes, sans cependant les changer dans leur nature.

Pigeon biset.

On admet généralement que les nombreuses races et variétés de pigeons qui vivent aujourd'hui tributaires de l'homme et qui offrent une telle diversité de taille, de formes, de couleurs, tirent leur origine d'une seule espèce naturelle, du *pigeon biset*; et en effet, on retrouve, même dans les races les plus modifiées, une partie des caractères du biset sauvage, et jamais ceux d'une autre espèce.

Le biset sauvage, qu'on appelle aussi pigeon de roche, a les parties supérieures et inférieures de son plumage d'un bleu cendré, les côtés du cou d'un vert chatoyant, et deux bandes transversales noires sur les ailes. Cette espèce vit de préférence dans les contrées montueuses et rocailleuses, et fait son nid dans les fentes ou les trous des rochers, ou dans ceux des vieilles masures.

On ne compte pas moins de vingt-quatre races différentes de pigeons, qui, par leurs croisements, ont donné naissance à une multitude de variétés.

Les plus importantes de ces races sont, outre le biset : les *mondains*, dont une variété, le *gros mondain*, atteint la grosseur d'une poule et se recommande par sa fécondité; les *pigeons grosse gorge*, ainsi nommés parce qu'ils ont la faculté d'enfler prodigieusement leur jabot; les *pigeons romains*, que l'on reconnaît au cercle rouge qui entoure l'œil; ils sont très-féconds; les *pigeons nonnains*,

Pigeon nonnain.

qui se distinguent par l'espèce de capuchon que forment les plumes relevées du cou ; les *pigeons volants* ou *messagers* ; cette race, quoique de petite taille, est la plus féconde et celle qui montre le plus d'attachement pour le lieu qui l'a vu naître. Ce pigeon, qui vole rapidement et très long-temps, est employé dans beaucoup de pays, et surtout en Belgique, comme messager ; il peut faire soixante lieues et plus en douze heures.

On distingue parmi les pigeons domestiques ceux de colombier et ceux de volière. Les premiers, conservant leur liberté au sein même des habitations que l'homme leur a élevées, savent, au besoin, pourvoir eux-mêmes à leur subsistance ; les autres, mieux accoutumés à l'esclavage ou plus franchement domestiques, ne s'éloignent guère du logis et sont incapables de trouver eux-mêmes leur nourriture.

La forme du colombier ou *fuie* peut varier suivant le goût du propriétaire ; mais le plus commode est une tour ronde ou carrée, à façade bien recrépie à la chaux, percée au midi d'une fenêtre garnie d'un treillis à mailles serrées auquel on adapte une ou plusieurs trappes proportionnées au volume du pigeon, et susceptibles de s'ouvrir et de se fermer au moyen d'une corde, et au nord, d'une ou deux autres ouvertures fermant à coulisse pour permettre à l'air de se renouveler. Quelle que soit la forme du bâtiment, il doit régner tout autour et au-dessous des fenêtres une corniche de 20 à 25 centimètres de saillie, qui offre aux pigeons une espèce de galerie sur laquelle ils puissent se reposer, et qui empêche surtout les animaux grimpants d'aller plus loin ; car il est important de mettre les habitants du colombier à l'abri des entreprises des fouines, des belettes et surtout des rats qui sont les plus grands destructeurs des pigeons. Enfin, le toit du colombier doit être bien en pente et les tuiles qui le recouvrent bien jointes, afin que l'humidité et les ordures n'y séjournent pas. L'intérieur est garni de niches ou compartiments en terre cuite ou en briques, commençant à cinq ou six pieds au moins du sol, pour que les rats ne puissent y atteindre en sautant, lorsqu'ils ont pu pénétrer à l'intérieur. Le tout doit être peint en blanc et maintenu excessivement propre. Au centre du colombier s'élève un mât avec des échelons, ou une échelle double, pour permettre d'atteindre aux niches des pigeons. La porte doit être nécessairement faite d'un bois solide et dur et joindre parfaitement de tous côtés, de manière à ne laisser aucune issue.

Pour peupler le colombier, on prend au printemps deux jeunes pigeons, mangeant seuls, et on les y renferme, en ayant soin de leur fournir une nourriture abondante. Ces oiseaux captifs ne tardent pas à s'unir, et commencent bientôt leurs pontes. Aussitôt que les petits sont éclos, on peut sans nul danger ouvrir la trappe : poussés par l'influence de leur éducation, ils iront dans les champs chercher leur nourriture, mais ils retourneront bientôt à leurs petits. Dès la seconde couvée, il sera inutile de garnir leur mangeoire de graines ; ils auront suffisamment appris à en trouver dans la campagne.

Le colombier demande à être très-bien entretenu ; car les pigeons n'étant attirés et retenus dans ce lieu que par les avantages qu'ils y trouvent, il est certain que plus le domicile leur plaira, plus ils s'y attacheront et y multiplieront, tandis que, dans le cas contraire, ils fuiront pour aller s'établir dans un autre colombier qui leur offrira plus d'attrait. Une des causes qui tendent le plus à les éloigner est la malpropreté, et surtout la mauvaise odeur de leurs excréments ; il est aisé d'éloigner cette cause de dégoût en enlevant avec soin cette matière, qui est d'ailleurs un engrais très-énergique et fort employé sous le nom de *colombine.*

Il faut toujours agir dans le colombier le plus doucement possible, afin de ne pas trop effaroucher les pigeons, et ne jamais y laisser aucune dégradation sans la faire réparer; en un mot, il faut y entretenir la propreté, la pureté de l'air, et la tranquillité autant que possible. Les mêmes préceptes sont à suivre pour la volière; les oiseaux qui l'habitent exigent même encore plus de soins, car n'ayant pas l'habitude d'aller au loin chercher leur nourriture dans les champs, il faut que leur mangeoire soit toujours abondamment pourvue de graines, et que l'eau soit renouvelée fréquemment. Pour peupler la volière, on emploie la même méthode que pour le colombier, en continuant toutefois à fournir abondamment à la subsistance de ses habitants.

Une volière n'a pas besoin d'être construite à l'écart; le premier endroit venu dans une cour, un jardin, une basse-cour, peut convenir, pourvu qu'il ne soit pas exposé au vent froid du nord; mais il vaut toujours mieux qu'elle soit tournée au levant ou au midi.

Bien qu'ils ne s'éloignent jamais beaucoup de leur domicile, les pigeons de volière aiment à sortir; il faut donc autant que possible leur en laisser la liberté.

On nourrit les pigeons avec des graines de légumineuses : la vesce, les pois, les lentilles, sont celles qu'ils préfèrent; ils aiment beaucoup aussi les pepins de raisins qui proviennent du marc pressé, et que l'on sépare des pellicules qui les renferment au moyen d'un fléau, après les avoir fait sécher au soleil. Cette nourriture ranime leurs forces pendant le froid et ne retarde nullement leurs pontes comme on l'a prétendu; le blé et l'orge au contraire les refroidissent et les dévoient; il sera bon, lorsqu'on leur donnera ces grains, de les mélanger avec une petite quantité de chènevis. Cette dernière graine, mêlée à l'alpiste et au sarrasin par parties égales, contribue beaucoup à hâter les pontes ; au reste, il faut, autant qu'on le peut, varier les aliments, les mélanger même ; on prévient ainsi les effets nuisibles que peut occasionner une seule substance longtemps prolongée.

Les pigeons peuvent rester accidentellement plusieurs jours sans manger, comme j'en ai acquis la preuve ; le fait est assez singulier pour que je vous le raconte.

Pendant la guerre d'Espagne, un détachement dont je faisais partie s'empara d'un village espagnol dont presque tous les habitants s'étaient enfuis ; nous mourions de faim, et, après avoir pourvu à notre sûreté de manière à éviter toute surprise, nous fouillâmes le village à la recherche des vivres dont nous avions grand besoin. J'entrai dans un colombier et fis main basse sur quelques pauvres pigeons qui s'y trouvaient renfermés ; mais ayant aperçu un magnifique pigeon maillé couleur de feu, comme je n'en avais pas encore vu jusqu'alors, je lui fis grâce de la vie et le mis dans mon sac, me proposant de le conserver vivant s'il se pouvait. Je venais de le caser de mon mieux, lorsque j'entendis le tambour qui rappelait, puis quelques coups de feu ; je jetai à la hâte mon sac sur mes épaules et m'empressai de courir au lieu de réunion. C'étaient en effet les Espagnols qui nous attaquaient avec des forces supérieures et nous fûmes obligés de battre en retraite, harcelés par l'ennemi. Enfin, à la nuit, nous pûmes faire halte, et, après avoir mangé un morceau, je me laissai tomber à terre accablé de fatigue et je m'endormis d'un profond sommeil sans plus penser à mon pigeon. Au point du jour je fus réveillé par le tambour et nous nous remîmes en marche pour gagner le quartier général, où nous arrivâmes au bout de quatre jours de marches forcées, à moitié morts de faim et de fatigue. Là nous pûmes goûter un peu de repos et nous refaire. Lorsque je fus suffisamment remis, je me rappelai mon beau pigeon couleur de feu ; sans nul doute il était mort, et je le retirai de mon sac persuadé que je ne tenais qu'un cadavre ; cependant il respirait encore, et à tout hasard je lui versai dans le bec une cuillerée de vin sucré : je ne sais si ce cordial le rappela à la vie, mais il est certain que deux heures après il était sur ses pattes, se rengorgeant d'un air de satisfaction et paraissant ne se ressentir aucunement de son séjour prolongé dans cette volière de nouvelle espèce.

Le sel est fort recherché par les pigeons et cette substance leur est très favorable ; elle paraît même les guérir de certaines maladies. Dans les contrées voisines de la mer, les pigeons savent aller sur la plage pour becqueter les efflorescences salées que l'eau en se retirant laisse sur les rochers, mais dans les pays qui en sont éloignés on leur donne des boules composées de farine de chènevis, d'argile et de sel pétris ensemble par parties égales ; ou l'on suspend dans le colombier une queue de morue ou de tout autre poisson salé et desséché.

L'eau est pour les pigeons un élément de toute nécessité ; non-seulement il leur en faut pour se désaltérer, mais encore pour entretenir leur propreté, car ils aiment beaucoup se baigner.

Après avoir été longtemps proscrit, comme l'un des plus grands destructeurs des céréales, le pigeon a été réhabilité et présenté même comme très utile à l'agriculture, en ce qu'il se nourrit principalement de la graine des plantes parasites, et qu'il procure un excellent engrais. Mes observations me portent cependant à croire qu'il y a eu exagération des deux côtés.

En effet, les pigeons causent réellement des dégâts ; non il est vrai, dans les champs de nos plantes céréales, mais dans les plantations de pois, de haricots, de fèves et autres plantes légumineuses, dont ils cherchent et déterrent les semences. D'un autre côté, il est vrai aussi que l'utilité économique de ces oiseaux compense avantageusement les dégâts qu'ils peuvent faire aux récoltes. Les pigeons, très-féconds, fournissent en abondance une nourriture saine et à bon marché ; et leur fiente constitue sous le nom de *colombine* un des plus puissants engrais que nous connaissions.

La colombine ne doit même pas s'employer pure, mais dans la proportion d'un tiers avec d'autres engrais plus faibles ; elle fertilise en peu de temps les prairies humides et froides, et double les récoltes des plantes légumineuses ; mêlée aux eaux des puits, elle les rend propres à l'arrosage des plantes potagères et des arbres fruitiers.

Que vous dirai-je que vous ne connaissiez déjà sur les mœurs des pigeons ? — On les a représentés comme le modèle de toutes les vertus domestiques : bons époux, bons pères, tendres et fidèles, partageant avec leur compagne les soins et l'éducation de leurs petits.

On cite toutefois de nombreux exemples de pigeons dépravés. Faut-il en conclure que ce soit le fait de la domesticité dans laquelle ils sont forcés de vivre ? Non, sans doute ; mais l'on trouve chez les animaux, comme parmi les hommes, certaines natures perverses qu'une bonne éducation ne peut que corriger ou du moins adoucir. Et quand ces natures sont incorrigibles, la société fait ce que je fis moi-même pour un pigeon infidèle : je le chassai du sein de la communauté, où il portait le trouble et donnait le mauvais exemple. .

—

OISEAUX ALIMENTAIRES ET D'ORNEMENT.

—

Nous avons passé en revue les oiseaux de la basse-cour, les espèces réellement domestiques ; mais à côté de celles-ci on élève dans un état de demi-domesticité quelques oiseaux plus rares, qui, sans être d'une utilité aussi directe, rendent des services comme espèces alimentaires ou d'ornement. Tels sont la pintade, les faisans, le paon, le cygne et quelques oiseaux étrangers dont on a tenté dans ces derniers temps l'acclimatation en France.

La Pintade.

La pintade ou poule de Numidie nous vient de l'Afrique occidentale ; introduite depuis fort longtemps en Europe, elle s'y propage facilement ; mais, jusqu'à présent, elle est plus répandue dans les parcs et les habitations comme oiseau de luxe et de curiosité que dans les fermes comme oiseau de basse-cour.

La pintade est un fort bel oiseau, dont les formes générales se rapprochent de celles de la perdrix ; sa tête et le haut de son cou sont dénués de plumes et recouverts d'une peau violacée; une crête calleuse, d'un bleu rougeâtre, surmonte le crâne, et, de chaque côté du bec, pendent deux barbillons bleuâtres bordés de rouge vif dans le mâle, et complétement rougeâtres chez la femelle. Son plumage, d'un noir ardoisé, est tout parsemé de taches blanches arrondies qui paraissent peintes, d'où son nom de *peintade* ou *pintade*. Ses habitudes naturelles sont celles de la perdrix ; comme cette dernière, elle ne vole ni longtemps ni très-haut, mais elle court avec une grande vitesse.

Pintade.

Les pintades que l'on élève dans la basse-cour conservent toujours un peu de leur naturel sauvage; elles sont turbulentes et querelleuses, et dominent les autres volailles par la force de leur bec. Elles aiment d'ailleurs la liberté, et prospèrent beaucoup mieux dans un parc ou un jardin qu'au milieu d'une basse-cour; elles recherchent pour pondre les buissons et les halliers, et sont très-fécondes, car elles peuvent produire jusqu'à cent œufs, si elles sont bien nourries. Ces œufs sont rougeâtres et plus petits que ceux de la poule, mais fort bons à manger. Les pintadeaux (c'est ainsi qu'on nomme les petits) sont très-délicats; ils craignent beaucoup le froid et l'humidité, et demandent les mêmes soins que les dindonneaux. On les nourrit avec du millet et des œufs, ou plutôt des nymphes de fourmis. La pintade adulte se nourrit également de petites graines, de vers et d'insectes.

La chair de cet oiseau est très-savoureuse; les anciens Romains en faisaient le plus grand cas et l'engraissaient avec soin.

Faisans.

Les faisans, qui se distinguent par la beauté de leur plumage autant que par la délicatesse de leur chair, sont originaires de l'Asie, où on les trouve à l'état sauvage, et leur introduction en Europe date d'une époque excessivement reculée. On les rencontre par petites troupes dans les bois et les lieux montagneux qu'ils habitent de préférence, et où ils recherchent les graines dont ils font leur principale nourriture.

Les faisans mâles sont remarquables par l'éclat de leurs couleurs; mais les femelles, comme celles de tous les autres oiseaux, sont beaucoup moins richement parées; leur plumage est d'un brun terne varié de gris et de jaunâtre. Un fait singulier dans l'histoire de ces oiseaux, c'est que, lorsque les femelles cessent d'être fécondes et ne pondent plus, elles prennent un plumage qui se rapproche d'autant plus de celui des mâles qu'elles sont plus vieilles, et leur voix subit la même transformation.

Le faisan en liberté est un fléau pour l'agriculture, car il fouille la terre pour en retirer le grain qu'il dévore, et il coupe les jeunes pousses du froment, du seigle, de l'avoine, etc.; mais, élevé dans la basse-cour, il est d'un bon produit.

On met les faisans à part, dans un petit enclos auquel on donne le nom de *faisanderie*. Pour une bonne exploitation, le terrain doit être vaste, clos de murs assez élevés pour déjouer les tentatives des renards, des fouines et des chats, et planté d'un certain nombre de petits buissons épais et fourrés, où les femelles puissent pondre et les familles s'abriter contre la grande chaleur.

Si l'on ne peut exploiter en grand, il faut fermer, avec un treillage en fil de fer, un petit terrain carré de dix à quinze mètres de côté, construire dans le bas des petites loges d'un demi-mètre chacune, abritées par une bonne couverture contre les intempéries, et où l'on dépose des nids garnis de foin pour la mère et les petits.

Les faisanes sont propres à la ponte de deux à quatre ans; elles commencent vers la mi-avril et finissent vers la fin de mai; elles donnent leurs œufs de deux jours l'un, rarement deux jours de suite, et en font de douze à seize. On recueille les œufs avec soin, on les met dans un panier rempli de son bien sec, puis, on les confie à la couveuse, dans une chambre bien close, à l'abri du bruit et de la grande lumière. L'incubation dure de vingt-trois à vingt-cinq jours; après l'éclosion, on porte les petits dans une des loges, où on leur donne pour nourriture des œufs hachés menu avec de la mie de pain, de petits vers et des œufs de fourmis; ils mangent également avec plaisir ces petits vers de mouches que les oiseleurs et les pêcheurs nomment *asticots*. Les faisandeaux sont, dans la première période de leur vie, sujets au dévoiement, et il faut surtout les tenir à l'abri du froid et de l'humidité, car on les en guérit difficilement. Il faut, dans ce cas, leur donner en boisson une décoction d'ortie grièche, du marc de raisin, dont les faisans sont très-friands à tout âge, et, à son défaut, du sarrasin. Ce traitement arrête assez vite les progrès du mal. La propreté surtout doit régner dans l'habitation : c'est le meilleur moyen de les mettre à l'abri de la vermine qui, lorsqu'ils en sont attaqués, les maigrit et en fait périr beaucoup.

On élève parfois avec le faisan commun le faisan argenté; le mâle de cette espèce a le cou, le dos et les ailes d'un blanc pur rayé de fines hachures noires, et les parties inférieures, ainsi que la huppe, noires, à reflets pourprés. La femelle est d'un brun roussâtre.

Le Paon.

Si le paon n'est pas le plus utile des oiseaux que l'homme a su fixer dans sa demeure, il est sans contredit le plus beau et le mieux fait pour charmer les yeux. Ce magnifique oiseau est originaire de l'Inde, où il existe à l'état sauvage, et, depuis des siècles, il fait l'ornement de nos basses-cours.

Vous avez tous admiré les belles teintes azurées qui ornent son cou, l'aigrette délicate qui surmonte sa tête et les taches en forme d'yeux qui se peignent sur les grandes plumes de sa queue, et qui le font paraître vêtu d'une robe merveilleuse, où se mêle le velouté des plus belles fleurs au feu des pierreries les plus étincelantes. Comme chez la plupart des oiseaux, le mâle seul est revêtu de cette brillante parure, les femelles n'offrant sur leur robe d'un brun grisâtre rien qui rappelle les richesses dont s'enorgueillit le paon. La queue de celui-ci n'acquiert toute sa longueur qu'au bout de trois ans, et elle tombe chaque année vers l'automne pour repousser au printemps.

Le paon étale avec complaisance devant ses femelles toutes les richesses de son plumage; il tourne autour d'elles en faisant la roue, il piaffe, il s'agite, et semble mettre en usage tous les ressorts de la coquetterie ; c'est en effet pour elles qu'il est fier d'être beau, et il ne s'inquiète nullement, quoi qu'on en ait dit, des éloges que nous donnons à sa beauté.

Lorsque la mue l'a dépouillé de ses richesses, le paon se tient à l'écart, il se tait, il ne se pavane plus et prend un air de tristesse ; ce n'est pas, comme on le croit généralement, parce qu'il est honteux de se montrer en cet état, mais bien parce que, pour le paon, comme pour tous les oiseaux, la mue est une époque de malaise et de souffrance, et que son instinct lui indique qu'il lui serait nuisible de s'exposer au grand air et au grand jour.

On donne au paon cinq ou six femelles ; celles-ci sont en état de pondre dès la deuxième année, mais ce n'est guère qu'à trois ans qu'elles font régulièrement leurs pontes. La paonne ne pond habituellement dans nos contrées que de huit à dix œufs ; mais, au dire des voyageurs, elle est plus féconde dans son pays natal, où sa couvée serait de vingt à vingt-cinq œufs. Ces œufs, tachetés de brun et de la grosseur de ceux de la dinde, sont pondus un à un et à quelques jours d'intervalle l'un de l'autre. La durée de l'incubation est d'environ trente jours. Les petits en naissant suivent la mère et peuvent déjà comme les poussins chercher eux-mêmes leur nourriture ; mais, comme tous les oiseaux originaires des pays chauds qui se reproduisent dans nos contrées tempérées, ils sont délicats et frileux. — Leur nourriture habituelle consiste en grains de toutes sortes.

Les anciens faisaient grand cas de la chair de paon ; simplement, peut-être, parce que cet oiseau coûtait un prix fort élevé ; on le servait sur les tables des riches dressé dans son plumage, comme s'il était vivant. En réalité, la chair du paon n'est délicate que dans son très jeune-âge, et encore n'égale-t-elle en saveur ni celle du dindon, ni celle du faisan, ni même celle du poulet gras ou de la pintade.

En résumé, le paon ne se recommande que par son éblouissante parure, et pour le cultivateur qui veut faire passer l'utile avant l'agréable, il ne rachète pas par son utilité ce qu'il coûte de soins et d'entretien. Son voisinage est même souvent funeste, car il cause de grands dégâts aux céréales, et il est toujours importun à cause des cris désagréables qu'il fait entendre ; ses cris, sont dit-on, un présage de pluie lorsqu'il les pousse la nuit.

Le Cygne.

Le cygne est le plus grand et le plus beau de tous nos oiseaux aquatiques ; c'est, comme le paon, un oiseau de luxe ; l'élégance de ses formes, la blancheur éclatante de son plumage indiquent assez qu'il est plus propre à orner les eaux d'un parc, les bassins d'une riche demeure, qu' barboter dans la mare de quelque basse-cour en compagnie des canards et des oies. Sa chair est d'ailleurs noire et coriace, et il coûte cher à nourrir ; sa peau seule, qui est garnie d'une épaisse fourrure de plumes et de duvet, peut être employée utilement ; mais elle n'a pas assez de valeur pour couvrir la dépense de son entretien.

Bien que le cygne ait donné lieu à l'expression proverbiale *blanc comme un cygne*, il en est de complétement noirs ; ceux-ci viennent de la Nouvelle-Hollande.

Mais le cygne, tout digne d'attention qu'il puisse être, doit, pour nous, céder le pas à beaucoup d'autres espèces.

On ne saurait trop multiplier le nombre des espèces alimentaires ; car il est jusqu'à présent tout à fait insuffisant.

Il est incontestable que l'immense majorité des travailleurs et notamment des cultivateurs ne mangent pas de viande plus de cinq à six fois par an; la vie du paysan est un éternel carême, et si les classes aisées, si les habitants des villes n'en manquent pas, c'est à la condition de payer cet aliment nécessaire un prix fort élevé. Dans ce beau pays de France si fertile, si plein de force et d'activité, le peuple est plus mal nourri, plus mal vêtu que partout ailleurs; les Anglais, les Hollandais, les Suisses, les Chinois eux-mêmes, que nous traitons de barbares, ont su trouver dans l'agriculture et l'éducation des animaux des ressources que nous n'avons pu nous créer. Il n'en serait pas ainsi, nous l'avons déjà dit, si l'on s'appliquait non-seulement à multiplier et à perfectionner les espèces déjà domestiquées, mais encore à acclimater et à domestiquer celles qui par leurs qualités peuvent nous être utiles.

L'Amérique, que nous avons enrichie de tous nos animaux domestiques, ne nous a donné en échange que le dindon et l'inutile cochon d'Inde, et cependant le nombre des oiseaux utiles qu'elle possède et que nous pourrions acquérir est plus grand encore que celui des quadrupèdes dont nous avons déjà parlé.

Pour n'en citer que quelques-uns, nous nommerons les hoccos, le marail ou pénélope, le pauxi, le nandou, l'agami, etc.

Le *Hocco* de la Guyane est presque de la taille du dindon; c'est un fort bel oiseau; sa tête est ornée d'une huppe élégante, composée de petites plumes étroites et comme frisées, d'un beau noir velouté; le cou et le dessus du corps sont noirs, et le ventre blanc; le tour des yeux et la cire du bec sont d'un beau jaune. La chair du hocco est blanche et d'un goût exquis; il donne en outre des œufs excellents. C'est un oiseau paisible, très-facile à apprivoiser et qui enrichirait sans difficulté nos basses-cours. Il a parfaitement réussi en Hollande, où il se reproduit, dit-on, en aussi grande abondance que les autres volailles.

Le hocco.

Comme les hoccos, les *Marails* vivent en petites troupes dans les bois touffus des régions tempérées de l'Amérique du Sud. Leur nourriture consiste en graines, en bourgeons et en fruits sauvages, et ils se perchent pendant la nuit, comme les dindons, sur les basses branches des arbres. Leurs mœurs et leurs formes les rapprochent des hoccos, mais leurs couleurs sont plus brillantes ; leur plumage est d'un beau vert à reflets métalliques. Les marails ou pénélopes, surtout lorsqu'ils ont été pris jeunes, s'élèvent aisément en domesticité ; on les nourrit alors avec du maïs et du blé. Leur chair est très-délicate, et ne le cède en rien à celle des faisans. Ils s'accommodent d'ailleurs très facile-ment du régime de la basse-cour et vivraient très-bien

dans nos contrées, pour lesquelles ils seraient une précieuse
acquisition.

Le *Pauxi* a également des points nombreux de ressemblance avec les hoccos, mais il est de plus petite taille, et
en diffère surtout en ce qu'il n'a point de huppe sur la
tête, et qu'il porte sur le bec un gros tubercule en forme
de poire, de couleur bleue et dur comme un caillou, ce qui
lui a fait donner le surnom d'*oiseau de pierre*. Ses mœurs
et sa nourriture sont celles des espèces précédentes, même
douceur, même docilité à se soumettre à la domesticité,
même délicatesse de chair.

Certains oiseaux pourraient nous rendre au point de vue
alimentaire autant de services que les quadrupèdes; véritables oiseaux de boucherie, ils seraient par leur taille élevée et les bonnes qualités de leur chair et de leurs produits d'une grande ressource; tels sont les autruches et
les nandous. Ces oiseaux, qui ne volent pas, à cause de la
lourdeur de leur corps et de la brièveté de leurs ailes,
sont très-robustes, très-faciles sur la nourriture, et d'un
naturel très doux; ils ont les mœurs de nos oiseaux de
basse-cour, et, malgré leur force, ils n'attaquent jamais les
animaux plus faibles qu'eux.

L'*Autruche* est répandue dans toute l'Afrique et dans
une partie de l'Asie; c'est le plus grand de tous les oiseaux
connus; elle dépasse souvent sept pieds (2^m 30) de hauteur, et pèse 50 kilogrammes. Son cou, long et mince, est
couvert d'un simple duvet et supporte une toute petite tête
munie de grands yeux et percée de trous apparents pour
les oreilles; son plumage est noir, varié de blanc et de gris;
ses jambes, dénuées de plumes, sont aussi grosses que la
cuisse d'un homme et très-charnues.

L'autruche est naturellement herbivore, mais elle est
très-facile à nourrir et mange de tout; elle avale même des
pierres et des os, bien qu'elle ne les digère pas, comme on

l'a prétendu. Sa chair est très abondante et très bonne à manger ; ses plumes, surtout celles des ailes, sont d'une beauté sans égale et d'un grand rapport. La femelle pond deux fois par an douze à quinze œufs d'un goût excellent, et dont chacun est équivalent en volume à plus de seize œufs de poule.

L'autruche prospérerait dans nos provinces du midi, et surtout en Algérie ; on la réduirait facilement en domesticité, puisque certaines peuplades sauvages d'Afrique l'ont déjà fait et les parquent comme des bestiaux.

Le *Nandou*, que l'on nomme aussi autruche d'Amérique, est répandu dans les contrées froides et tempérées aussi bien que dans les parties chaudes du nouveau continent, et par

Le nandou.

conséquent il s'accommoderait parfaitement de notre climat. Plus petit que l'autruche d'Afrique, le nandou ne s'élève guère au delà de cinq ou six pieds (1^{m}65 à 2 mètres) ; sa tête et son cou sont garnis de plumes ; celles de ses ailes sont longues et touffues, mais moins belles que celles de l'autruche d'Afrique ; elles sont d'un gris bleuâtre.

Les jeunes nandous sont tellement familiers qu'ils suivent volontiers les personnes qu'ils rencontrent, et qu'ils viennent jusqu'à la porte des habitations ; cela prouve les dispositions qu'ont ces oiseaux pour s'apprivoiser et la facilité avec laquelle on les élèverait en troupeaux. Leur chair est très-bonne et leurs œufs excellents. (1)

---

(1) Nous ajouterons à l'autruche et au nandou un troisième oiseau de boucherie, récemment introduit dans la plupart des jardins zoologiques de l'Europe : c'est le *Dromée*, ou casoar de la Nouvelle-Hollande. Cet oiseau, presque aussi grand que l'autruche, mais plus bas sur pattes, est comme elle attaché à la terre par la faiblesse de ses ailes ; mais il court aussi avec une grande vitesse. Sa chair est comparable à celle du bœuf, mais plus délicate ; chez les jeunes elle rappelle celle du dindon ; la cuisse seule de cet oiseau peut dépasser le poids de dix kilogrammes. Ses œufs, dont le volume équivaut à celui de douze œufs de poule, sont très-délicats et d'un goût exquis ; sa peau, recouverte d'une abondante fourrure, sert à faire des tapis précieux, et ses plumes sont fort souples et élégantes. Cet oiseau précieux s'est déjà plusieurs fois reproduit en France, en Angleterre, en Hollande, et tout fait espérer que son acclimatation et sa domestication ne présenteront aucune difficulté.

———

LES OISEAUX AUXILIAIRES DE L'HOMME.

———

Un grand nombre d'oiseaux, comme nous l'avons vu, nous procurent une nourriture saine et agréable ; d'autres nous fournissent des produits d'un immense avantage pour l'industrie et l'agriculture ; quelques-uns égaient nos intérieurs par leurs chansons ; ceux-là nous les aimons et nous les protégeons, nous les élevons avec soin auprès de nous, nous en favorisons la propagation ; en cela rien de plus naturel et de plus sage ; l'attachement que l'homme a pour une chose quelconque est en raison des avantages ou des plaisirs qu'il peut en retirer. Mais cette protection est loin de s'étendre à toutes les espèces utiles, et trop souvent nous méconnaissons les services que nous rendent une foule d'animaux. Beaucoup d'entre eux, à qui nous faisons une guerre acharnée et inintelligente, seraient pour nous des auxiliaires précieux, si nous savions profiter sagement des biens que nous offre si libéralement la nature.

Fort anciennement l'on a dressé les oiseaux de proie et surtout les faucons à la chasse, en utilisant leur vol rapide et élevé, leur vue perçante, leurs armes redoutables et leurs instincts carnassiers. Cette chasse, qui faisait autrefois les délices des grands seigneurs, car il n'était pas permis à des manants de posséder des faucons dressés, a été abandonnée en France ; mais elle est encore en usage dans certaines contrées de l'Orient.

De même que le faucon a été dressé à la chasse, le cormoran a été exercé à la pêche, mais cet usage s'est également perdu en Europe.

Les Chinois, beaucoup plus avancés que nous dans l'art de la domestication des animaux, obtiennent de ces oiseaux des services importants, en utilisant à leur profit leur habileté de pêcheurs. Voici ce qu'en rapporte, comme l'ayant vu de ses yeux, un de ces pieux missionnaires qui sont allés, au péril de leur vie, porter jusqu'au bout du monde les lumières de la vraie religion.

Les rivières et les eaux de la Chine, dit-il, sont peut-être les plus poissonneuses du monde, et les Chinois les plus habiles pêcheurs que je connaisse ; il n'est pas de manière de prendre le poisson qu'ils ne pratiquent. La plus singulière de toutes leurs pêches est celle qu'ils font avec une espèce de cormoran, qu'ils savent dresser à cet usage. Ce sont certainement des animaux merveilleux par leur adresse et leur docilité.

La pêche se fait avec deux bateaux contenant chacun un homme et une douzaine d'oiseaux. Ceux-ci sont perchés sur le bord de la petite embarcation, attendant le signal de leurs maîtres. Dès qu'il est donné, ils se lancent ensemble à l'eau et commencent immédiatement leurs recherches. Ces animaux ont l'œil clair et rapide comme l'éclair ; ils voient le poisson à de grandes profondeurs sous l'eau et plongent comme un trait. Une fois saisie par leur bec tranchant et crochu, leur proie ne peut plus leur échapper. Le cormoran revient alors à la surface, et dès qu'il est aperçu, on le rappelle au bateau ; aussi docile qu'un chien, il rentre dans l'embarcation et rapporte à son maître la proie qu'il a saisie, puis aussitôt il replonge pour recommencer ses recherches.

Mais ce qui est plus étonnant encore, c'est que, lorsqu'il arrive qu'un cormoran attaque un gros poisson assez fort pour qu'il lui soit difficile de le rapporter à lui tout seul au bateau, un ou deux de ses camarades arrivent aussitôt à son secours, et tous unissent leurs efforts pour prendre le poisson et le ramener. On passe d'ailleurs un petit anneau au cou de ces oiseaux pour les empêcher d'avaler le poisson qu'ils prennent, en ayant grand soin que cet anneau ne puisse pas changer de place et étrangler l'animal.

Le cormoran, qui se rencontre fréquemment sur nos côtes normandes ou picardes, est un gros oiseau à plumage noir moiré de brun ou de reflets verdâtres ; son cou est long et délié, son corps large, ses jambes courtes et grosses ; ses doigts sont tous réunis ensemble par une membrane qui fait de leurs pieds de véritables nageoires ; aussi cet oiseau, qui paraît lourd et embarrassé sur terre, se meut dans l'eau avec une aisance et une rapidité sans égale.

Mais, de tous les oiseaux dont l'homme puisse attendre quelques services comme auxiliaires, le plus remarquable par son intelligence et par les qualités que l'éducation peut développer en lui est l'agami de Cayenne.

L'*Agami* a la taille d'un gros faisan, mais il est beaucoup plus élevé sur pattes, ce qui le fait paraître plus grand ; son plumage est noir, à reflets irisés, verts ou violet foncé, et devient fauve vers la queue ; celle-ci est courte et ne dépasse pas les ailes lorsqu'elles sont fermées. Il a le cou long, porte la tête droite, et est armé d'un bec robuste conique et pointu.

A l'état sauvage, l'agami habite les épaisses forêts de la Guyane, où il vit en troupes nombreuses ; il offre les mœurs de nos gallinacés, vit comme eux de graines, et comme eux a le vol lourd et la course rapide.

L'agami se laisse facilement réduire en domesticité, et

dans ce nouvel état il se perfectionne d'une manière extraordinaire; ses qualités et son intelligence le placent parmi les oiseaux au rang qu'occupe le chien parmi les quadrupèdes mammifères.

Agami.

Bientôt, en effet, il reconnaît son maître et lui montre une affection dont on n'aurait pas cru un oiseau capable ; il l'accompagne, s'afflige de son absence, et fête son retour par de joyeuses et bruyantes démonstrations.

Dans la basse-cour, il s'arroge un pouvoir absolu dont il se montre fort jaloux et qu'il dispute même aux chiens; il ne souffre pas leur présence dans son empire, et les chasse à grands coups de bec. Il veut y commander sans partage ; il y maintient l'ordre, protége les faibles contre les forts, se fait vis-à-vis des poussins le dispensateur d'une nourriture qu'il sait défendre contre tous, et à laquelle lui-même se garde bien de toucher.

Dressé avec soin, l'agami devient un guide sûr et un défenseur intrépide pour les autres oiseaux domestiques, et même pour les troupeaux de moutons; il les conduit aux pâturages, les surveille, les ramène, les fait rentrer avec ordre, et ne rentre lui-même que le dernier.

LES OISEAUX AUXILIAIRES DE L'HOMME.

(SUITE.)

Chaque année, au printemps, alors que tout semble renaître sous les rayons vivifiants du soleil, les bourgeons et les jeunes pousses des plantes sortent de leurs écailles protectrices, pleins de promesses riantes pour le cultivateur; mais des milliers de chenilles et de larves dévorantes sortent également de l'œuf, et, comme une invasion de barbares, se répandent de tous côtés sur cette tendre végétation. On voit avec étonnement apparaître par milliers ces insectes affamés dont la source paraît inépuisable; il en vient d'en haut, d'en bas, de tous côtés. A peine nés, ils se reproduisent et pondent leurs œufs par centaines ; leurs innombrables légions se succèdent et se relayent sans trêve ni repos, et se ruent sur nos plantations les plus précieuses, qu'elles dévorent à belles dents.

Que deviendront nos récoltes, livrées à de tels ennemis, ennemis d'autant plus redoutables qu'ils sont presque imperceptibles et qu'ils se cachent dans les moindres replis des feuilles, dans les plus petites crevasses de l'écorce? Sont-ce vos yeux qui les découvriront? sont-ce vos doigts qui les iront chercher jusqu'au cœur de ces tendres pousses?—Non, certes, et vous aurez beau les écraser par millions, ils renaîtront par milliards. Contre ces ennemis presque invisibles, qui nous échappent par leur petitesse même, mais qui nous accablent par leur nombre, nos moyens de défense sont insuffisants, et, depuis longtemps, l'homme aurait succombé dans cette lutte inégale, si Dieu ne lui avait donné comme auxiliaire l'oiseau; l'oiseau qui seul peut poursuivre l'insecte dans les airs, au milieu des feuilles, sous les écorces, et jusque dans le calice des fleurs. Sans lui, les insectes, ces génies de la destruction, auraient bientôt fait disparaître toute trace de végétation de la surface de la terre.

Et je n'exagère rien ; plusieurs d'entre vous ont acquis à leurs dépens l'expérience des ravages que peuvent causer les insectes. Ils détruisent le gazon des prairies, dévastent les jardins potagers, les champs de blé, de lin et de colza, les arbres fruitiers, les forêts; ils tourmentent nos animaux domestiques et nous incommodent nous-mêmes; ils attaquent nos provisions, nos récoltes, et jusqu'à nos vêtements.

C'est le hanneton qui détruit les bourgeons et les feuilles des arbres, et qui, plus nuisible encore à l'état de larve (mans ou ver blanc), ronge les racines des plantes; ces insectes apparaissent dans certaines années en quantités tellement considérables qu'ils dévastent des contrées entières. C'est l'altise ou puce de jardin, qui détruit les plantes potagères et les colzas; le bruche, qui ronge les pois et ne nous laisse que l'enveloppe. C'est le bostryche et le scolyte destructeur, qui font périr par milliers les sapins et les ormes. C'est le charançon, ou calandre, qui attaque les grains renfermés dans nos greniers et qui s'y propage souvent au point d'y détruire les deux tiers de la récolte. C'est l'alucite ou teigne des grains, qui non-seulement lutte à l'envi avec le charançon pour détruire nos grains, mais qui encore souille ce qu'elle épargne et lui commu-

nique des qualités malsaines et même dangereuses. C'est
la pyrale et la lisette, qui attaquent la vigne et les arbres
fruitiers. Ce sont enfin les chenilles, les pucerons, les
sauterelles, les fourmis, les vers, les limaces, les escargots, et mille autres espèces trop connues pour les dégâts
qu'elles causent. Les chroniques villageoises sont pleines
de récits des ravages qu'ont faits ces animaux nuisibles.
On évalue à quatre millions de francs la valeur du blé que
détruit en une seule année la larve d'un petit moucheron
(*la cécidomie du froment*); un petit papillon (*la nonne*) a
fait périr des forêts entières, et l'on ne sauva celle d'An-
naburg, en Prusse, qu'en abattant et en brûlant près de
mille journaux de bois infestés par les chenilles et les
œufs. En certaines années, les insectes ont fait avorter la
moitié des colzas. En Allemagne, j'ai vu plus de 800 arpents de sapins dépouillés de leur feuillage par les chenilles, et dans le Hartz ces mêmes chenilles détruisirent
en peu de semaines trois cents arpents de forêts; le
gouvernement tenta d'arrêter le mal et fit recueillir cinq
cents kilogrammes d'œufs de nonnes, ce qui équivaut à
plus de huit cents millions d'œufs. Mais il faudrait des volumes entiers pour enregistrer les ravages que produisent
ces insectes.

Devons-nous donc accuser de ces désordres la suprême
sagesse qui a présidé aux lois de la nature? Nullement,
car nous seuls sommes cause de ces désordres.

Comme je vous l'ai dit en essayant de vous tracer le
plan suivi par la nature, tout s'enchaîne ici-bas, tout a son
but. Guidé par les instincts qu'une prévoyante sagesse a
mis en lui, chaque être, en travaillant à conserver la
place qui lui est réservée sur la terre, concourt, à son insu,
à assurer cet ordre admirable qui se manifeste dans le
monde. Les végétaux, croissant à profusion, préparent
aux races d'animaux une nourriture abondante et salu-

taire ; mais s'ils n'étaient limités dans leur développement,
ils envahiraient bientôt la terre et s'étoufferaient réciproquement. Ce sont les insectes qui sont principalement
chargés de régler cette propagation et d'empêcher qu'elle
ne puisse dépasser les limites qui lui ont été assignées
par le Créateur.

Mais si les insectes sont indispensables pour maintenir
l'équilibre parmi les êtres qui couvrent notre globe, si leur
multiplication est réglée sur celle des végétaux dans la nature abandonnée à elle-même, ils deviennent dangereux
et éminemment nuisibles pour l'homme, qui est intéressé à
faire dominer certaines plantes nécessaires à ses besoins.
En propageant ces végétaux, en les multipliant outre mesure, nous tendons à rompre l'équilibre, à contrarier les
lois de la nature, et celle-ci vient s'y opposer et rétablir
l'ordre en multipliant dans les mêmes proportions les insectes destinés à empêcher cette perturbation. Puis, lorsque les insectes ont accompli leur mission, lorsqu'ils ont
ramené par leurs ravages la végétation à de justes proportions, leur propagation est elle-même entravée et limitée par de nombreux ennemis, afin que tout rentre dans
l'ordre. La nature agit dans l'intérêt d'un juste équilibre;
elle ne s'occupe point des affaires de l'homme, c'est à lui
à chercher par tous les moyens possibles à protéger ses
cultures et à empêcher la trop grande multiplication des
insectes.

Tous les insectes ne sont pas nuisibles cependant, et je
vous ferai connaître dans une de nos prochaines veillées
ceux dont nous devons attendre de bons services, soit par
leurs produits, soit par la guerre qu'ils font aux espèces
qui nous sont nuisibles.

Mais revenons aux oiseaux, car, après vous avoir montré le mal, il faut vous indiquer le remède. Les oiseaux,
avons-nous dit, peuvent seuls nous aider à combattre les

ravages des insectes. Rares en hiver dans nos contrées, car le plus grand nombre des oiseaux n'y vivent pas sédentaires, et vont, à l'approche de la saison rigoureuse, chercher des climats plus doux, on les voit au printemps, dès que le soleil fait éclore les plantes et les insectes, accourir de tous côtés et par volées nombreuses ; chaque jour amène de nouveaux hôtes, et bientôt chaque buisson est habité, chaque arbre a ses chansons. Ils s'établissent dans nos champs, dans nos vergers, dans nos bosquets, et travaillent sans relâche à purger la terre de tous ces petits êtres destructeurs qui, s'ils n'y mettaient bon ordre, auraient bientôt détruit tous les fruits de nos travaux. Sans doute, l'homme, reconnaissant des services que lui rendent ces auxiliaires indispensables, ces alliés fidèles, les a pris sous sa protection et les défend à leur tour contre les animaux de proie qui les tuent, contre les loirs et les couleuvres qui se glissent dans leur nid pour y dévorer la couvée ? Mais non ! l'homme, au contraire, est leur plus cruel ennemi et leur fait une guerre acharnée ; moins excusable en cela que le milan ou l'épervier qui tuent pour se nourrir, il tue, lui, pour le seul plaisir de détruire ; le fusil ne va pas assez vite à son gré, et il a inventé les filets, les gluaux et autres engins meurtriers.

Quelques-uns de ces pauvres petits êtres sont bons à manger, direz-vous ; mais chacun d'eux fait à peine une bouchée, et chacune de ces bouchées vous revient cher, croyez-moi. Si l'on calculait à combien de sacs de blé, de tonneaux de vin et d'huile équivaut une brochette de ces petits oiseaux, le plus riche d'entre vous trouverait que c'est un mets trop coûteux.

Mais ils n'ont même pas cette excuse ceux-là qui, pour faire parade de leur adresse, ou même simplement pour décharger leur arme avant de rentrer au logis, abattent l'hirondelle ou la chauve-souris. Cette hirondelle, qu'une main stupidement cruelle vient d'abattre, détruit e[n] moyenne trois cent cinquante à quatre cents insectes pa[r] jour, et, parmi ceux-ci, plusieurs des plus redoutables : l[e] charançon, la pyrale, le hanneton, etc. ; or, rappelez-vou[s] que ces insectes pondent chacun une centaine d'œufs, qu[i] bientôt transformés en autant de vers, attaqueront les ra[-] cines, les graines et les fruits de nos végétaux les plu[s] précieux. Calculez ce que vous eût sauvé d'épis de blé[,] de grappes de raisin, pendant les jours qui lui restaient [à] vivre, ce pauvre oiseau mutilé.

L'hirondelle.

Et comme si ce n'était pas assez des hommes dans cett[e] guerre d'extermination, les enfants, eux aussi, s'en mê[-] lent et font autant de mal que les grands en dénichant le[s] œufs qu'ils détruisent par milliers. J'ai vu quelques-un[s] de ces jeunes drôles rapporter plus de cinquante œufs a[u] bout de leur journée ; que de milliers d'insectes auraien[t] détruit les oiseaux produits par ces œufs, et que de dé[-] gâts ils auraient prévenus !

Ce que l'on détruit ainsi d'oiseaux chaque année est in[-] calculable ; et comment ces pauvres races persécutées n[e] finissent-elles pas par disparaître ? c'est ce que peut seul[e] expliquer la merveilleuse bonté avec laquelle Dieu sembl[e] réparer sans cesse les fautes de l'homme. — Mais les fautes répétées finissent enfin par recevoir le châtiment qu'elles méritent; prenez-y garde, chaque jour le nombre des oiseaux diminue ; à peine déjà suffisent-ils à maintenir dans de justes bornes l'effrayante propagation des insectes; à peine peuvent-ils nous préserver de leurs ravages, et tout concourt à diminuer de plus en plus le nombre de ces utiles auxiliaires.

Peu à peu la culture fait disparaître les bois, les bosquets, les grands arbres et même les haies vives qui servaient de retraite aux oiseaux, et ceux-ci, ne trouvant plus où établir leurs nids, où élever en paix leurs petits, s'éloignent de nos contrées inhospitalières. Mais ce qui influe d'une manière plus funeste encore sur l'énorme diminution de nos plus utiles oiseaux de passage, c'est la chasse exterminatrice que leur font les habitants du Midi. Au printemps et à l'automne, époque des migrations des petits oiseaux, le massacre s'organise, et tous les habitants, petits et grands, saisis comme d'une rage frénétique, s'acharnent contre ces pauvres petits êtres; le fusil, les filets, les gluaux, les pipeaux, les piéges de toutes sortes, accomplissent leur œuvre de destruction ; si ce n'étaient encore que les oiseaux de chasse qui tombaient sous leurs coups ; mais ce sont surtout les petits oiseaux insectivores et chanteurs; tout leur est bon, pourvu qu'ils chassent, et ils n'épargnent pas même l'hirondelle, la fauvette, ni le rossignol. Chaque année on égorge ainsi des milliers d'oiseaux qui nous eussent délivrés de millions d'insectes.

Faut-il s'étonner que le chant des oiseaux soit rare dans ces pays et que les cultures y soient constamment ravagées par les insectes? Il y règne comme une odeur de meurtre, et les pauvres oiseaux ne les traversent qu'à la hâte et en tremblant. Les moineaux eux-mêmes y sont devenus une rareté.

Nous nous ressentons cruellement, hélas! de cette folle manie, et nous n'avons qu'un moyen de combattre le mal, c'est d'accorder aux petits oiseaux d'autant plus de sollicitude et de protection qu'ils sont plus poursuivis et maltraités ailleurs. C'est le seul moyen de les fixer chez nous.

Vous avez souvent admiré la beauté et l'abondance de mes fruits, et plusieurs d'entre vous ont envié ce que vous appelez ma chance; mais, cette chance, vous pouvez l'avoir aussi bien que moi, vous n'avez qu'à la provoquer. Voici, je crois, à quoi je la dois : j'ai planté, dans un coin de mon jardin, un fourré de buissons épineux où ne peuvent pénétrer ni les chats, ni les polissons; et auprès quelques sorbiers, dont les oiseaux aiment les grappes de fruits rouges; une foule de petits chanteurs s'y sont établis; jamais je ne leur ai fait de mal, et ma présence même ne les effarouche plus; ils semblent comprendre qu'ils ont en moi un ami. Non-seulement ces petits hôtes me réjouissent de leurs chansons, mais, pour prix de mon hospitalité, ils veillent avec soin sur mes arbres et mes espaliers; je n'ai pas besoin d'écheniller, ils font ma besogne. Les hirondelles ont rangé leurs nids sous mon toit et dans les encoignures de mes fenêtres; elles y vivent en paix pendant la belle saison, et y reviennent fidèlement chaque année au printemps pour délivrer mes cultures des innombrables essaims d'insectes nuisibles qui les envahissent.

Laissant de côté une sensibilité, bien naturelle d'ailleurs, pour une classe d'êtres inoffensifs et voués cependant à une destruction que ne légitime pour l'homme ni la loi suprême de sa propre conservation, ni même celle de ses besoins, je réclame, en faveur de tous les petits oiseaux de nos champs et de nos bois, non-seulement votre abstention, mais encore votre protection; et en cela, je le répète, ce n'est pas votre sensibilité que je cherche à intéresser, c'est votre intérêt personnel, votre égoïsme, corde malheu reusement plus facile que l'autre à faire vibrer dans le cœur de l'homme. C'est en faveur de l'agriculture que je vous demande d'épargner les oiseaux; car, bien loin de lui être nuisibles, comme on l'a dit, ce sont ses plus utiles défenseurs; sans eux, aucune culture, aucune végétation même ne serait possible, et des millions d'hommes ne suffiraient pas pour faire leur travail.

Tous les oiseaux ne sont pas utiles à l'agriculture, sans doute, quelques-uns même lui sont nuisibles en ce qu'ils se nourrissent des graines des plantes que nous cultivons pour nos besoins, mais c'est le très-petit nombre, et encore ne sont-ils pas sans nous rendre quelques services, car ils consomment au moins en égale quantité les graines des mauvaises herbes dont ils nous débarrassent ainsi.

La très-grande majorité des oiseaux se nourrit exclusivement, ou en partie, de ces animaux inférieurs, qui, par leur multiplication extraordinaire, menacent constamment la végétation. Ils maintiennent cette multiplication dans de justes bornes, et par là rendent possible l'existence du monde végétal, et par conséquent celle de l'homme et d'un grand nombre d'animaux.

La mésange.

L'organisation des oiseaux les rend essentiellement proprès à ce travail ; leur grande mobilité et leur vitesse, leur vue perçante, leur permettent d'exercer leur police sans cesse et partout où elle est nécessaire ; leur appétit insatiable et leur puissance extraordinaire de digestion leur font consommer journellement une quantité d'insectes au moins égale au poids de leur corps, et plusieurs espèces recherchent avec avidité les œufs d'insectes et en absorbent des myriades.

Il y a quelques années, visitant, à l'automne, mes arbres fruitiers, je les vis avec effroi couverts de millions d'œufs de ce bombyx dispar, si commun dans les jardins et si nuisible. Ces œufs, enveloppés d'une bourre grisâtre par leur mère prévoyante, afin qu'ils puissent résister au froid de l'hiver, couvraient le tronc et les branches. Je me mis à l'œuvre et commençai à nettoyer mes arbres · de cette vermine ; mais, après en avoir enlevé une grande quantité, j'y renonçai en reconnaissant mon impuissance à combattre ce fléau. J'étais désolé, lorsqu'au printemps arrivèrent quelques couples de mésanges et de roitelets qui, en un rien de temps, nettoyèrent si bien mes arbres qu'il ne resta pas trace d'œufs. C'est depuis lors que, pour fixer chez moi ces braves travailleurs, j'ai planté un coin de mon jardin en buissons touffus et en sorbiers.

J'ai vu un rouge-gorge nettoyer en quelques heures deux grands rosiers couverts de pucerons.

Les fauvettes, les pouillots, les rossignols, les bergeronnettes, les roitelets, les traquets, les alouettes, les pinsons, les bruants, les grimpereaux, les mésanges, les hirondelles, les martinets, les pics, les étourneaux, les engoulevents et cent autres, sont d'excellents chasseurs d'insectes.

Il en est de même des grives ; mais ces dernières, il est vrai, nous font payer les services qu'elles nous rendent par le dommage qu'elles causent aux récoltes. Quant aux

agiles étourneaux, ils ne nous rendent que des services ;
ils dévorent des quantités considérables de vers, d'escar-

L'étourneau,

gots, de chenilles, de
sauterelles et d'insectes
de toutes sortes, et ils
vont jusque dans les pâ-
turages délivrer le bétail
des taons, des mouches,
des tics et des autres parasites qui les tourmen-
tent.

L'un des oiseaux les
plus utiles à l'agricul-
ture est l'alouette, qui
est en même temps un
délicieux chanteur. Cet
oiseau, qui débarrasse
nos champs d'une foule

d'insectes rongeurs et de graines de mauvaises herbes, est
un véritable bienfaiteur pour nos champs. Eh bien ! le
croirait-on, c'est de tous les oiseaux celui que l'on poursuit avec le plus d'acharnement.

Aux approches de l'hiver, les alouettes se partagent en
deux bandes : celle des voyageuses et celle des sédentaires ;
les premières traversent la Méditerranée, et une partie
d'entre elles s'arrêtent sur les côtes de Sicile, où les attendent des milliers de chasseurs ; c'est alors un feu roulant continu, et peu de ces pauvrettes échappent à la mort.
Quant à celles qui restent dans nos champs, elles n'éprouvent pas un meilleur sort. C'est vers le mois de septembre
que commence la chasse aux alouettes qui ont eu le malheur de s'engraisser aux dépens de nos ennemis, et qui
vont par milliers alimenter l'industrie de ces pâtissiers de
Pithiviers si chers aux gourmands. Étonnez-vous don

ensuite lorsque vos champs sont dévastés par les insectes.

L'alouette.

Quoi qu'on en ait dit, il faut compter aussi les moineaux parmi les oiseaux éminemment utiles. Le dommage qu'ils font aux cerises, aux champs de blé et à quelques autres graines est insignifiant, lorsqu'on le compare aux services qu'ils nous rendent comme mangeurs d'insectes. Le moineau franc, doué d'un robuste appétit, mange des quantités prodigieuses de chenilles et d'insectes, et nourrit ses petits presque exclusivement de vers, de larves, de sauterelles, de hannetons. On a calculé qu'un couple de moineaux détruisait, pour nourrir son avide couvée, plus de quatre cents insectes par jour; cela vaut bien une poignée de cerises, sans doute. Au reste, le friquet, ou moineau des champs, ne mange pas de cerises, lui, mais, en revanche, beaucoup de scarabées, de sauterelles, de chenilles, de hannetons et de pucerons.

Voici quelques faits qui prouvent que le moineau vaut mieux que sa réputation. Dans le pays de Bade, cet oiseau jouissait d'un tel renom de pillard et de gaspilleur, que l'on résolut de s'en défaire, et sa tête fut mise à prix.

Poursuivis sans merci, les moineaux s'enfuirent et abandonnèrent complétement le pays. Mais, au bout de quelque temps, les insectes pullulèrent à ce point que les récoltes furent perdues; l'on reconnut alors que l'oiseau exilé pouvait seul soutenir avantageusement la guerre contre les hannetons et les mille autres insectes ailés des basses terres ; et ceux-là même qui avaient établi des primes pour le détruire durent en établir de plus fortes pour en opérer le rapatriement. Ce fut double dépense, sans compter les pertes que l'on subit en leur absence.

Un roi puissant voulut aussi déclarer la guerre aux moineaux. Ceux-ci ayant osé s'attaquer aux cerisiers de Sans-Souci, le grand Frédéric ne voulut pas qu'un tel forfait restât impuni, et il fit donner une prime de six deniers pour chaque couple qu'on lui livrerait. Chacun se mit alors en campagne, et l'on fit, en Prusse, une guerre tellement active aux moineaux, qu'au bout de deux ans il n'y en avait plus un seul; mais, en même temps, il n'y eut plus de cerises. En l'absence des moineaux, les insectes et les chenilles s'étaient multipliés d'une manière effrayante, les arbres en étaient couverts, et il ne leur restait pas une feuille. Le grand roi reconnut alors que les lois de la nature sont au-dessus de celles des plus puissants monarques de la terre; il retira les ordres qu'il avait donnés, et fit revenir à grands frais les moineaux.

Un oiseau qui mérite à tous égards notre protection est le coucou; il se nourrit de chenilles velues que très-peu d'oiseaux peuvent manger, comme, par exemple, les noctuelles et les processionnaires, qui ravagent les forêts. Le coucou, comme tous les oiseaux qui se nourrissent de larves et de chenilles, mange toute la journée, parce que ces petits êtres contiennent beaucoup plus d'eau que de matières nutritives solides. On peut admettre que cet oiseau détruit en moyenne une chenille toutes les cinq minutes, ce qui fait environ cent cinquante par jour ; si l'on admet également que la moitié de ces chenilles doivent se transformer en papillons femelles, dont chacune contient environ trois cents œufs, on trouvera qu'un seul coucou empêche, en un seul jour, la ponte de vingt-deux mille cinq cents œufs. Combien faudrait-il d'hommes pour exécuter un pareil travail en un seul jour !

Le coucou.

Les pics rivalisent d'utilité avec le coucou ; charpentiers infatigables, ils vont chercher, sous les écorces et jusque dans l'intérieur du tronc des arbres, une foule d'insectes très-nuisibles aux forêts ; ils détruisent surtout les guêpes et les frelons, dont le dangereux aiguillon ne peut rien contre eux. Les pics font dans les vieux arbres des trous dans lesquels une foule de petits oiseaux établissent leur nid ; de là le reproche qu'on leur fait de commettre de grands dégâts dans les forêts ; mais ce travail des pics ne fait en réalité aucun tort, puisqu'ils ne s'attaquent jamais aux arbres sains, mais seulement aux vieux troncs pourris qui sont attaqués par les insectes. On les voit monter perpendiculairement et en spirale le long du tronc, s'arrêtant de temps en temps pour frapper l'écorce à coups de bec, puis tourner vivement de l'autre côté du tronc, non pas, comme on le dit souvent, pour voir s'ils ont percé l'arbre,

Le pic vert.

mais bien pour saisir les insectes qu'ils ont pu en faire sortir.

Engoulevent.

L'engoulevent est encore un des oiseaux qui ont le plus

de droits à la protection du cultivateur : c'est un oiseau de nuit, c'est-à-dire qu'il ne sort que pendant le crépuscule, ou dans les nuits claires, pour poursuivre les phalènes et autres insectes nocturnes, dont plusieurs figurent parmi les plus nuisibles. Il vole en ouvrant son large bec, fendu jusque sous les yeux, et engloutit ainsi les plus gros insectes. Et cependant cet oiseau, qui est le sujet de mille contes absurdes, partage la haine injuste que les paysans portent aux hiboux et aux chouettes, oiseaux non moins utiles que l'engoulevent. Entre autres accusations ridicules, est celle qui a fait donner à cet oiseau le nom de *tette-chèvre*; on prétend, en effet, qu'il saisit avec son bec le pis des chèvres pour en tirer le lait, ce qui est absolument impossible. Ce qui a pu donner lieu à ce conte puéril, c'est qu'il fréquente les parcs des chèvres et des moutons pour s'emparer des insectes qui y sont toujours attirés en grand nombre.

L'on regarde généralement tous les oiseaux de proie comme nuisibles, et le plus grand nombre d'entre eux le sont en effet : les faucons, les autours, les éperviers, les milans, les busards sont malfaisants, en ce qu'ils tuent un grand nombre de petits oiseaux insectivores, détruisent beaucoup de menu gibier, et s'attaquent même souvent à nos oiseaux de basse-cour ; il en est cependant un certain nombre qui nous sont utiles par l'énorme destruction qu'ils font d'insectes, de souris et de rats des champs. L'émerillon et le hobereau, ou petit faucon, sont de ce nombre ; ils sont de la grosseur du pigeon, et ne s'attaquent guère qu'aux insectes, dont ils mangent des quantités considérables.

Mais le plus utile, et en même temps le plus commun de tous les oiseaux de proie qui chassent de jour, est la buse. Cet oiseau, victime de sa ressemblance avec l'autour, jouit d'une fort mauvaise réputation ; ce dernier est, en effet, l'un des plus dangereux et des plus voraces, et fait une guerre acharnée à nos pigeons ; mais la buse ne s'attaque qu'aux mulots, aux souris, aux rats, aux reptiles et aux insectes de toutes sortes. Perché sur un buisson ou sur une branche, cet oiseau guette des heures entières les petits animaux fouisseurs, et se précipite dessus dès qu'ils sortent de terre. Il est vrai de dire que si quelque lapereau, quelque caille ou perdrix passent à sa portée, il ne les dédaigne pas; mais ce sont là des peccadilles auxquelles il ne faut pas regarder de trop près. Les taches brunes qu'il a sur le ventre et son vol plus lourd suffisent pour le faire distinguer de l'autour qui ressemble à un gros épervier.

La buse.

La bondrée est aussi un grand preneur de souris et de mulots, et, avec cela, elle mange quantité de chenilles, de taons et de guêpes ; mais il est vrai qu'elle mange aussi nos abeilles; petit mal, en somme, si l'on considère le bien qu'elle fait.

Le jean-le-blanc est encore un oiseau de proie voisin de la buse, qui nous délivre d'un grand nombre de souris et de mulots ; mais celui-là se paie lui-même des services qu'il nous rend sur nos poules et nos canards, auxquels il joint toute sorte de petit gibier ; aussi, la somme du mal paraissant l'emporter sur celle du bien, je vous l'abandonne.

Quant aux oiseaux de proie nocturnes, tels que chouettes, hiboux, orfraies, loin d'être nuisibles, ce sont des oiseaux éminemment utiles. Organisés pour chasser le matin et le soir, au demi-jour du crépuscule, ils font une chasse active à tous ces petits rongeurs qui dévastent nos champs, ainsi qu'aux papillons de nuit, aux chenilles et aux hannetons. J'ai vu un couple de ces oiseaux apporter dans une soirée onze souris ou mulots à ses petits.

La chouette.

Malgré les services incontestables qu'ils rendent à l'homme, ces oiseaux sont un objet de haine et de réprobation pour les habitants de la campagne, et le paysan est fier lorsqu'il peut tuer et clouer sur la porte de sa grange quelqu'un de ces animaux ; il ferait mieux encore d'y clouer son chat, qui souvent le vole et fait la chasse aux petits oiseaux. Le hibou, la chouette, ne lui coûtent rien et lui sont bien plus utiles ; car, outre la quantité considérable d'insectes nuisibles qu'ils détruisent, ce que ne font pas les chats, ils prennent chaque jour beaucoup plus de souris que ces derniers.

Il me reste à examiner avec vous les qualités et les défauts de quelques oiseaux, principalement des espèces de la nombreuse famille des corbeaux, corneilles, pies, geais, etc. Le geai nous rend bien quelques services, en

Le geai.

mangeant un assez grand nombre d'insectes, et surtout en attaquant les vipères venimeuses ; mais, d'un autre côté, il détruit les semences et les bourgeons des arbres, arrache, dans son vol, les épis de blé tout entiers, et, chose plus grave encore, met au pillage les nids des petits oiseaux insectivores, dont il casse les œufs et dévore les petits. Il en est de même de la corneille commune et de la corneille mantelée. Quant à la pie, elle est bien décidément nuisible ; car, outre les dégâts qu'elle commet dans les cultures, elle fait une chasse acharnée aux petits oiseaux, jeunes ou vieux, et ne laisse pas un oiseau chanteur en paix. Nous devons donc la poursuivre comme notre propre ennemie, et comme celle de nos alliés. Le grand corbeau noir, dont la taille égale souvent celle du coq, est un véritable oiseau de proie; on l'accuse avec raison de détruire pas mal de petit gibier et de petits oiseaux, et de s'attaquer même parfois aux jeunes volailles; mais il faut dire à sa décharge qu'il est d'une utilité incontestable, en faisant disparaître les corps morts et les pourritures qui infecteraient l'air. Il est d'ailleurs assez rare dans nos régions.

Le freux, ou moissonneur, est le plus méritant de toute la famille, car s'il cause quelque dommage dans les terres nouvellement ensemencées, il fait plus de bien que de mal, en ce qu'il consomme une quantité considérable de ces larves de hannetons ou vers blancs qui sont le fléau de nos cultures. Le freux, d'un tiers plus petit que le grand corbeau, se distingue aisément des autres membres de la famille par les reflets métalliques de son plumage.

Parmi ces alliés douteux, je placerai encore les pies-grièches, qui montrent les goûts sanguinaires et le caractère guerroyant des oiseaux de proie. Les pies-grièches, dont la méchanceté est passée en proverbe, détruisent, il est vrai, beaucoup d'insectes, mais elles détruisent également beaucoup de petits oiseaux. Ces oiseaux représentent les fouines, dans le monde ailé; comme ces dernières, elles semblent avoir le goût de la destruction et tuer sans nécessité; car elles continuent de chasser et d'égorger après qu'elles sont repues. La pie-grièche ordinaire est de la taille d'une grive, de couleur cendrée en dessus et blanche en dessous, avec la queue, les ailes et une bande sur l'œil, noires. La petite pie-grièche ne diffère de la précédente que par sa taille plus petite; l'écorcheur, plus petit encore, a le dessus de la tête et le croupion cendrés, le dos et les ailes fauves, le dessous blanc et un bandeau noir sur l'œil. Les habitudes sanguinaires de cette dernière espèce lui ont fait donner le nom d'*oiseau boucher.*

Ce rapide coup d'œil sur la mission des oiseaux dans l'économie de la nature et sur les services qu'ils nous rendent suffira, je l'espère, pour vous convaincre qu'il est de votre intérêt, et je dirai même de votre devoir, non seulement de vous abstenir de détruire ces êtres utiles, mais encore de les protéger, de les rendre familiers chez vous et d'en favoriser la multiplication par tous les moyens possibles.

La chasse aux petits oiseaux est un abus; elle ne rapporte aucun profit réel, et cause un tort immense à l'agriculture. Pourquoi donc détruire ces charmants petits êtres qui nous réjouissent les yeux et le cœur par leur beau plumage, leurs allures pleines de gentillesse, et leurs joyeuses chansons? N'est-ce pas un crime de lever la main sur ses bienfaiteurs, de chasser et d'égorger ses plus fidèles alliés? c'est au moins de la folie. Et quand des enfants cruels vont détruire les nids de ces petits êtres, les berceaux de ces oiseaux amis, pour enlever les œufs et les petits, apprenez-leur que c'est une mauvaise action, un vol; rappelez-leur ces paroles de l'Écriture, que vous a souvent citées notre bon curé :

« Si en te promenant tu trouves en ton chemin, sur un arbre ou à terre, un nid d'oiseau, tu ne prendras point la mère ni les petits, mais tu les laisseras en liberté, pour qu'il ne te mésarrive et que tu vives longtemps (1). »

Sans doute un jour la force du mal obligera ceux qui font les lois à ouvrir les yeux; ils seront alors effrayés,

---

(1) *Deutéronome,* XXII, v. 6, 7.

et prendront des mesures sévères pour arrêter la destruction des oiseaux insectivores (1).

---

(1) C'est ce qui est arrivé dans beaucoup d'États de l'Allemagne; dans la Prusse, le Wurtemberg, Bade, la Hesse, etc., la chasse aux petits oiseaux est interdite. En Saxe, il est défendu, sous peine d'une forte amende, de prendre un rossignol ou une fauvette, et il faut payer un impôt de vingt francs pour pouvoir en garder un.

————

LES REPTILES.

————

Lorsqu'on lit les descriptions des voyageurs qui ont parcouru les belles contrées tropicales de l'Inde et de l'Amérique, on est émerveillé des tableaux qu'ils tracent de ces solitudes fortunées, de ces immenses forêts, où la nature, vierge encore, déploie tous les trésors de sa magnificence. Les animaux les plus beaux y vivent en grand nombre, les fruits les plus nourrissants et les plus savoureux y croissent en abondance et sans culture, sous les feux du soleil. Tel devait être le paradis terrestre, où furent placés nos premiers parents.

Si nous comparons à cette luxuriante nature notre terre froide et souvent ingrate, qui ne nous donne des fruits que lorsque nous l'arrosons de nos sueurs, et qui dort une partie de l'année ensevelie sous un linceul de neige et de glace, nous envierons ces demeures enchantées, nous regretterons que le sort ne nous ait pas fait naître dans ces contrées privilégiées où le ciel est toujours bleu, la terre constamment verte, où les arbres sont toute l'année couverts de fleurs et de fruits.

Mais ne vous pressez pas trop d'envier ce bonheur ; car il y a un revers à ce tableau enchanteur. Ces contrées délicieuses, ces forêts toujours florissantes sont habitées par une foule de bêtes féroces : les lions et les tigres toujours altérés de sang, les crocodiles voraces, cachés parmi les gigantesques roseaux, y cherchent constamment des victimes. L'homme est contraint de veiller sans cesse pour éviter de devenir leur proie ; effrayé de leurs rugissements terribles, il ne peut se livrer au sommeil ; et ce n'est pas tout encore : sous ces herbes touffues qu'il foule aux pieds, sous ce feuillage épais dont il recherche l'ombrage, sont cachés de hideux reptiles dont la morsure entraîne une mort aussi prompte que terrible, d'horribles serpents qui vous étouffent et vous broient dans leurs puissants replis. La piqûre des insectes même est venimeuse, et si l'on échappe aux lions et aux tigres, aux crocodiles et aux serpents, on y est dévoré par les moustiques et les fourmis.

Aimons donc et bénissons le sol qui nous a vus naître ; si ses forêts sont moins vastes et moins touffues, ses montagnes moins majestueuses, ses prairies moins riches, au moins ne recèlent-elles point de semblables monstres ; l'homme y trouve partout une nature amie, et le seul être dont il ait à craindre les embûches est son semblable.

Nos régions tempérées ne produisent en effet aucune de ces puissantes bêtes féroces, de ces terribles reptiles venimeux qui pullulent dans les contrées tropicales. De tous ceux qui habitent notre sol, un seul est dangereux, c'est la vipère, et encore sa morsure n'est-elle que très-rarement mortelle. Tous les autres reptiles, bien qu'ils soient en général un objet de haine et de dégoût, nous sont plus utiles que nuisibles ; car ils purgent la terre d'une foule de vers et d'insectes rongeurs.

On donne ce nom de reptiles, non-seulement aux animaux privés de pieds qui rampent sur le ventre, comme les serpents, mais encore à ceux qui, munis de quatre pieds, s'en aident moins pour marcher que pour ramper, et qui, comme les lézards, les salamandres, les grenouilles, les crapauds, ont la peau nue ou couverte d'écailles et pondent des œufs.

En général, les reptiles, quoique hideux, causent plus de répugnance ou d'horreur que de mal ; — la nature les a couverts d'un masque repoussant, afin de les garantir de l'atteinte de leurs ennemis. Beaucoup d'entre eux, dépourvus d'armes défensives, comme les salamandres et les crapauds, auraient été bientôt détruits, si le Créateur ne leur avait accordé, comme moyen de défense, une peau pourvue de glandes d'où suinte une humeur âcre, fétide et dégoûtante qui écarte les autres animaux.

Rappelons-nous, d'ailleurs, qu'il n'est aucun être ici-bas qui n'ait sa fonction dans le mécanisme sublime de l'univers ; et les reptiles, quelque hideux qu'ils soient, n'échappent pas à cette loi générale : leur existence est nécessaire. En effet, les lieux infects et bourbeux qu'ils fréquentent pullulent d'une multitude effrayante de vermisseaux, d'insectes, de parasites de toutes sortes qui finiraient par infecter l'air, si les reptiles ne venaient en purger les marécages et s'en nourrir.

Tous les reptiles ne sont pas d'ailleurs hideux et repoussants ; quelques-uns même se font remarquer par l'élégance de leurs formes et la vivacité de leurs couleurs.

Tel est le lézard, qui remplace chez nous le gigantesque crocodile. Chacun de vous connaît ce petit animal, le plus doux et le plus innocent des êtres. Nul n'est plus joli, plus élégant, lorsque, étendu au soleil, il tourne vivement sa petite tête de tous côtés pour guetter les insectes dont il se nourrit. Dès qu'il en aperçoit un posé à sa portée, il s'élance comme un trait, et rarement il manque sa proie. Utile autant qu'agréable, il se nourrit de mouches, de grillons, de sauterelles, de vers de terre, de limaces et de presque tous les insectes qui détruisent nos fruits et nos graines ; et l'on a dit avec raison que le lézard est l'ami de l'homme. Si, au lieu de les laisser martyriser et mutiler par les enfants, vous multipliiez ces petits animaux dans vos jardins, vous y verriez bientôt diminuer le nombre de vos ennemis.

Lézard gris.

L'espèce la plus répandue autour de nos habitations est le lézard gris, ou lézard des murailles. Le lézard vert, plus grand que le précédent, habite de préférence les bois, où il fait également une chasse active aux insectes. Il est tout aussi inoffensif que le précédent, et s'il mord lorsqu'on veut le saisir, sa morsure n'est ni dangereuse ni même douloureuse ; car ses mâchoires ne sont pas assez fortes pour entamer la peau.

Aux approches de l'hiver, les lézards disparaissent ; ils se tapissent sous les racines des arbres, ou au fond de quelque trou souterrain, s'y engourdissent et ne se réveillent que lorsque les rayons du soleil font sentir leur bienfaisante chaleur.

Un autre reptile, assez ressemblant au lézard par les formes extérieures, mais d'une organisation fort différente, est la salamandre. — Aucun animal peut-être n'a donné lieu à plus de préjugés, à plus de contes absurdes. Les anciens croyaient que cet animal pouvait impunément traverser le feu le plus ardent, et même éteindre les flammes ; d'autres, renchérissant sur les premiers, prétendirent qu'il infectait de son venin tous les végétaux qu'il touchait ; et beaucoup d'entre vous partagent encore aujourd'hui ces croyances et attribuent à la salamandre la mort de leurs bestiaux et mille autres méfaits, dont elle est cependant fort innocente. J'ai même retrouvé dans quelques provinces un vieux dicton qui prouve à quel point ce petit animal inspirait la terreur :

Si le sourd entendait,

Si l'aveugle voyait,

Le monde finirait.

Le *sourd* est la salamandre ; quant au non moins terrible *aveugle*, c'est l'orvet, dont je vous parlerai tout à l'heure.

La vérité est que le sourd est un animal faible et craintif, dépourvu de tout moyen de nuire, qui ne sort de sa retraite que le soir ou par les temps de pluie, pour aller chercher les vers et les petits insectes dont il se nourrit.

La salamandre commune est longue de 6 à 8 pouces (15 à 20 centimètres) au plus, dont moitié pour la queue. Son corps, d'un noir sombre, est parsemé de taches arrondies d'un jaune vif. On en rencontre souvent une espèce de moitié plus petite, toute noire sans taches. Au contraire du lézard, cet animal craint l'ardeur du soleil et recherche l'obscurité ; on le rencontre caché sous les pierres et les racines des arbres, ou dans des trous de vieilles murailles. Son allure est stupide, et il marche toujours droit devant lui, quel que soit le danger qui le menace.

Lorsqu'on saisit la salamandre, elle fait sortir de la surface de son corps une humeur âcre et gluante d'une odeur forte, mais qui n'est nullement venimeuse ; c'est à cette humeur qu'il faut attribuer le dégoût qu'elle inspire aux autres animaux. Il va sans dire que sa réputation d'incombustibilité est aussi peu fondée que celle de son venin.

Lorsqu'on la jette dans le feu, elle meurt consumée, comme tous les autres êtres de la nature.

D'autres salamandres vivent dans le sein des eaux ; on leur donne le nom de *tritons*. Les salamandres aquatiques ont la queue comprimée sur les côtés, en forme de large rame, leur couleur est d'un brun verdâtre en dessus, le ventre est orangé, parsemé de taches et de points noirs.

Triton.

Les mâles portent le long du dos, au printemps, une crête dentelée d'un fort joli effet. Ces reptiles aquatiques sont aussi redoutés que les salamandres terrestres, et sans plus de raisons, car ils sont complétement inoffensifs.

Parlons maintenant de l'*orvet*, de ce terrible animal connu sous le nom d'aveugle et qui, suivant le vieux dicton, ferait finir le monde s'il voyait clair. Eh bien, l'orvet voit clair, bien que ses yeux soient très-petits ; mais tranquillisez-vous, il ne fera périr personne, car c'est l'être le plus inoffensif de la création, sauf pour les insectes, les limaces et les vers dont il fait sa nourriture ordinaire.

L'orvet a l'apparence d'un petit serpent de 8 à 10 pouces (20 à 25 centimètres) de longueur ; son corps cylindrique est couvert d'écailles luisantes, d'un jaune argenté, avec trois filets noirs le long du dos. Ce petit reptile a reçu des savants le nom d'*anguis fragile*, et dans quelques provinces celui de *serpent de verre*, à cause de son excessive fragilité ; celle-ci est telle, en effet, que le moindre choc le casse en deux ; l'animal perd sa queue avec autant de facilité que le lézard. Cette queue séparée du tronc s'agite et se tord dans tous les sens de la façon la plus singulière, et pendant que l'attention est portée sur cet objet frétillant, l'orvet sans queue s'enfuit tranquillement, ce qui m'a donné à penser que la prévoyante nature avait peut-être accordé à l'orvet cette fragilité et cette irritabilité de la queue comme un moyen d'échapper à ses ennemis ; la perte n'est pas d'ailleurs bien grave pour l'orvet, car, comme le lézard, il a la faculté de reproduire cette partie de son corps. Quant à la queue séparée du tronc, après s'être agitée quelque temps, elle meurt, et ne devient pas du tout un nouveau serpent, comme on le croit communément.

L'orvet.

On accuse ce pauvre orvet d'une foule de méfaits dont il est parfaitement innocent ; il fait, dit-on, périr par son venin les chèvres et les moutons qu'il mord, ce qui est bien impossible, car sa bouche est trop petite pour mordre, et pût-il mordre, sa morsure ne serait pas dangereuse, puisqu'il n'a aucune espèce de venin.

L'orvet n'est pas un serpent pour les savants : c'est u[ne] espèce mixte qui par son organisation forme le passag[e] entre les lézards et les serpents.

En fait de véritables serpents nous n'avons que la vipè[re] et la couleuvre. La première est munie de crochets ven[i]meux, et par conséquent sa morsure est dangereuse, bie[n] qu'elle soit rarement mortelle, au moins dans nos contré[es] tempérées ou froides. Je vous parlerai plus longuement d[e] ce reptile, le seul dangereux que l'on rencontre dans notr[e] belle France, en vous faisant l'histoire des animau[x] nuisibles.

Quant à la couleuvre, malgré la frayeur qu'elle inspir[e] généralement, elle n'est nullement venimeuse. C'est u[n] animal aussi inoffensif que craintif, et qui ne peut fair[e] aucun mal à l'homme, ni aux animaux domestiques. So[n] seul moyen de défense est de répandre, lorsqu'on l[a] saisit, une odeur forte et désagréable qui rappelle celle d[e] l'ail ; mais on peut d'ailleurs la prendre et la manier san[s] aucun danger. J'en puis parler avec certitude, en ayan[t] pris mainte et mainte fois dans mes mains, sans qu'elles cherchassent même à mordre ; mais dès que j'approchais de quelque personne, elle s'enfuyait aussitôt, et malgré mes protestations et mes arguments le vide se faisait autour de moi. Certes on ne pouvait nier que le serpent ne me mordît pas et que son dard, comme on appelle sa petite langue fourchue, ne me perçât point ; mais cela prouvait tout simplement, disaient-ils, que j'avais quelque moyen surnaturel pour apprivoiser les couleuvres, et nullement qu'elles ne mordissent et n'empoisonnassent les autres ; je ne pouvais les faire sortir de là.

Il est d'ailleurs facile de distinguer la couleuvre de la vipère ; celle-ci est reconnaissable à sa tête de forme triangulaire, très-large à sa base et portée sur un cou très-mince ; on l'a comparée avec quelque exagération à la figure d'un as de pique; elle est marquée en outre d'une tache noire en forme de V, et le long du dos règne une ligne noire en zigzag. La couleuvre a la tête ovale, couverte de larges écailles polygonales et sans tache noire.

1

Tête de vipère.

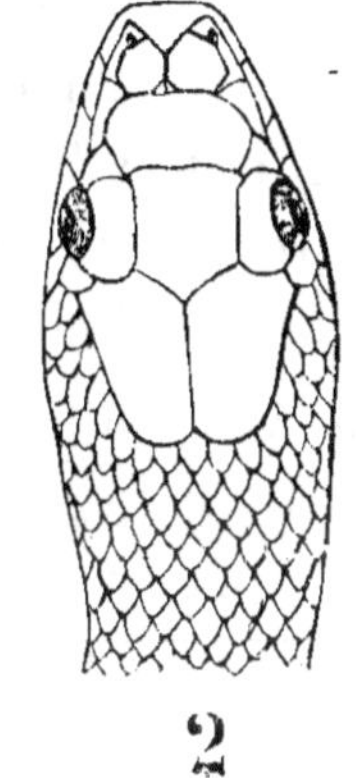

2

Tête de couleuvre.

La couleuvre se nourrit de vers et d'insectes, dont elle détruit une grande quantité; elle mange aussi les petites grenouilles. Si l'on peut lui reprocher quelque chose, c'est de surprendre parfois les petits oiseaux dans leur nid et de les dévorer eux et leur couvée. Mais quant aux accusations de manger les fruits des vergers et de sucer le lait des vaches pendant la nuit, elles sont aussi dépourvues de raison que de vérité; car leurs lèvres cornées ne sont nullement propres à la succion, et la disposition de leurs dents, dirigées en arrière, ne leur permettraient pas de lâcher le pis de la vache qu'elles auraient saisi.

Les couleuvres pondent leurs œufs dans le sable, les feuilles sèches, et souvent dans les fumiers dont la chaleur, développée par une fermentation lente, est favorable à l'éclosion des œufs. Cette circonstance a contribué sans doute à accréditer ce conte absurde des œufs pondus par de vieux coqs et qui donnent naissance à des serpents.

L'espèce la plus commune, la *couleuvre verte et jaune,* est tachetée de noir et de jaune en dessus, toute jaune verdâtre en dessous. La *couleuvre à collier,* très-commune aussi dans les prés et les eaux dormantes, est de couleur cendrée avec des taches noires le long des flancs et trois taches blanches formant un collier sur la nuque. Elle nage fort bien, et mange les insectes d'eau et les grenouilles.

Les *grenouilles* sont tellement répandues et tellement connues de tout le monde, qu'il serait superflu de les décrire. Ces animaux éminemment aquatiques s'éloignent peu du rivage des eaux douces et paisibles, où elles passent la plus grande partie de leur vie, guettant et dévorant tous les insectes et les vers qui se présentent à leur portée. A l'entrée de l'hiver, quand ceux-ci cessent de vaguer, les grenouilles s'enfoncent dans le sable ou la vase et s'y engourdissent jusqu'au printemps suivant, époque à laquelle elles pondent leurs œufs réunis en longs chapelets par un mucus abondant et épais. Rien n'est plus curieux que le développement de la grenouille : de l'œuf sort un singulier petit être, composé d'une grosse tête ronde que termine une longue queue comprimée latéralement ; on lui donne le nom de têtard. A cette époque de sa vie l'animal est exclusivement aquatique, c'est-à-dire que, comme les poissons, il respire au moyen de branchies, et meurt bientôt si on le retire de l'eau ; tandis que la grenouille, au contraire, respire l'air en nature comme tous les animaux terrestres.

Le têtard se développe rapidement, et au bout de quelques semaines commencent à lui pousser les deux pattes de derrière ; puis celles de devant se montrent à leur tour, et les branchies s'atrophient pour faire place à des poumons. La peau du têtard se fend alors sur le dos, et il en sort une grenouille, qui conserve pendant quelque temps encore la queue du têtard.

Non-seulement ces animaux sont utiles à l'homme comme destructeurs d'insectes, mais encore comme aliment; leurs cuisses forment un mets assez délicat, et qui ressemble pour la saveur à la chair du poulet. On en fait aussi une sorte de bouillon que l'on dit être très-favorable aux personnes malades de la poitrine.

Les *rainettes* ou grenouilles d'arbres vivent dans les bois, où elles sautent de branche en branche à la poursuite des insectes. Elles ne se rendent à l'eau que pour y pondre leurs œufs. Ce sont les plus jolies de toutes les grenouilles; le dessus de leur corps est d'un beau vert gai, et le dessous orangé.

Le *crapaud*, dont l'organisation est si rapprochée de celle de la grenouille, est cependant un objet de haine et de dégoût pour l'homme aussi bien que pour la plupart des animaux; il le doit sans doute à ses formes ramassées, à sa démarche lourde et disgracieuse, à sa peau couverte de verrues d'où suinte une humeur visqueuse et fétide, et surtout aux contes absurdes accrédités sur son compte. Les crapauds passent depuis l'antiquité pour des animaux redoutables et venimeux, et les sorciers, au temps où l'on croyait aux sorciers, les faisaient entrer dans leurs philtres et leurs poisons; néanmoins, tout ce que l'on rapporte de leur morsure, du venin de leurs verrues et du poison qu'ils lancent, est aussi peu fondé que l'accusation de magnétisation et de mauvais sort qu'on leur attribue encore de nos jours parmi le peuple des campagnes. Il est vrai qu'ils lancent, quand on les irrite, un jet d'urine; mais ce liquide n'a rien de venimeux, non plus que l'humeur visqueuse qui suinte de leurs verrues. Quant à mordre, cela leur serait difficile, attendu qu'ils n'ont pas de dents. Les crapauds ont encore un moyen de défense, aussi peu

dangereux que les autres, dans la faculté dont ils jouissent de gonfler leur peau d'air comme un ballon. Ils se
trouvent ainsi placés au milieu d'une couche élastique qui
rend leur corps moins sensible aux chocs extérieurs; c'est
ce qui fait qu'ils résistent longtemps aux coups de pierre
et de baton. Ce gonflement subit du crapaud est donc un
effet de la peur qu'il éprouve à la vue d'un ennemi, et n'est
pas dû, comme on le croit assez généralement, à l'accu-
mulation du venin qu'il se prépare à lancer.

On rencontre habituellement les crapauds loin des eaux,
souvent même dans des lieux arides, cachés sous les
pierres, dans des creux d'arbres, d'où ils ne sortent guère
que le soir ou par les temps de pluie, pour chercher les
limaces, les vers et les insectes qui composent leur nourriture.

Ils sont peu voyageurs et ne se rendent aux marais ou
aux étangs que pour y déposer leurs œufs. Leurs petits,
après l'éclosion des œufs, suivent les mêmes phases que
ceux des grenouilles.

A l'époque de leur reproduction, les crapauds, d'habitude
fort silencieux, font entendre un cri plaintif et flûté qui
rappelle celui de certains oiseaux de nuit et n'a rien de
commun avec le coassement de la grenouille.

La vie est très-tenace, mais peu active chez ces
reptiles, ce qui explique comment ils peuvent rester un
temps assez long renfermés dans un espace très-étroit, et
même en apparence sans communication avec l'extérieur;
mais il y a loin de là aux histoires de crapauds trouvés
vivants renfermés dans de gros cailloux ou dans des
pierres très-dures d'une formation ancienne. Il en est de
même des pluies de crapauds dont tout le monde parle
et que personne n'a vues; cette dernière croyance est
fondée sans doute sur ce que les pluies brusques et abondantes, inondant subitement leurs retraites, les forcent à

sortir de leurs trous, et qu'ils paraissent ainsi tout à coup et en grand nombre à la surface de la terre, là on l'on n'en voyait pas quelques instants auparavant; mais celui qui peut croire qu'il pleut des crapauds peut croire aussi aisément qu'il peut pleuvoir des veaux.

En résumé, le crapaud est non-seulement un animal inoffensif, et qui ne mérite nullement la haine dont on le poursuit, mais c'est un des auxiliaires utiles que la nature nous a donnés, et qui ont pour mission de purger la terre de cette foule d'insectes et de vers parmi lesquels se trouvent les plus dangereux ennemis de nos vergers, de nos jardins et de nos champs. Protégez-le donc au lieu de le tuer impitoyablement; vous en serez largement récompensés.

LES POISSONS.

Les eaux ne sont pas moins fécondes que la terre, et l'homme peut y récolter d'abondantes moissons ; mais là comme ici son imprévoyance le prive des ressources merveilleuses que la nature a mises à sa portée.

La fécondité des poissons est vraiment prodigieuse, et pour vous en donner une idée, je vous citerai le nombre d'œufs que l'on trouve dans certaines espèces : une perche de moyenne taille renferme plus de 28 mille œufs, un hareng 37 mille, la sole 100 mille, la brème 130 mille, la tanche 380 mille ; on en a compté plus de 500 mille chez la carpe et le maquereau, plus de un million chez le carrelet, 7 millions dans l'esturgeon, 9 millions dans le turbot et enfin 11 millions chez la morue.

Devant une semblable fécondité, l'on reste saisi d'étonnement et l'on se demande comment la mer et les rivières peuvent contenir une telle population. Certes, si le dixième seulement des germes enfermés dans le corps de chaque poisson parvenait au terme de son développement, l'homme y trouverait une source abondante d'alimentation et pourrait y puiser à pleines mains sans crainte de la voir tarir ; mais il n'en est malheureusement pas ainsi, et une foule de causes tendent à réduire considérablement cette riche multiplication.

Comme je vous l'ai déjà fait remarquer, l'harmonie de la nature veut que la fécondité des êtres soit réglée non-seulement en vue des dangers auxquels les individus sont exposés, mais aussi en raison des chances de non-fécondation que les œufs ou les germes ont à subir. Presque tous les poissons pondent des œufs, dont la fécondation s'opère en dehors du corps de ces animaux ; à l'époque du frai, la femelle dépose ses œufs en tas sur le sable ou parmi les plantes marines, et le mâle vient après arroser ces œufs de sa laitance ou liqueur fécondante. Dans ces conditions, il arrive d'abord que tous les œufs ne sont pas atteints et fécondés par la laitance du mâle ; ceux-là ne tardent pas à s'altérer et à se corrompre, et par cela seul il s'en perd une quantité assez considérable. La portion qui a été fécondée est à son tour exposée à de nombreuses causes de destruction ; elle peut être laissée à sec par un abaissement subit du niveau de l'eau, et le frai de poisson est d'ailleurs un aliment recherché par beaucoup d'animaux ; plusieurs poissons, les crabes, les insectes et les oiseaux d'eau en sont très-friands.

Toutes ces chances de destruction font donc rentrer la multiplication des poissons dans de justes limites. Cependant les eaux seraient toujours très-suffisamment peuplées si des causes d'une autre nature ne venaient s'ajouter encore à celles dont je viens de vous entretenir.

L'homme, qui ne sait pas user sagement des dons de la nature, mais qui toujours gaspille follement ces trésors, détruit à lui seul, et sans profit, plus de poissons que tous les animaux ensemble. Non-seulement les pêcheurs, en dépit des lois sur la pêche, tendent leurs filets à toutes les époques de l'année, et par conséquent prennent des quantités de poissons avant qu'ils aient frayé, détruisant ainsi d'un seul coup des millions d'individus ; mais encore ils laissent mourir sur le rivage une multitude de poissons trop petits pour être vendus. En outre, l'on voit souvent les cultivateurs habitants des côtes remplir des tonnes de frai pour en fumer leurs terres ou nourrir leurs porcs. Les pertes que font subir ces déprédations insensées sont incalculables ; et il serait à désirer que des lois très-rigoureuses vinssent y mettre un frein.

Mais il ne suffit pas d'empêcher le gaspillage des biens naturels que nous devons à la Providence ; il faut encore savoir augmenter nos ressources, rendre communs et accessibles à tous les aliments agréables et sains qui ne figurent aujourd'hui que sur la table des riches ; et cela est non-seulement possible, mais même facile ; il s'agit simplement d'assurer leur reproduction et leur libre développement, en éloignant autant que possible les causes naturelles qui les entravent. Alors les eaux de nos rivières, de nos lacs, de nos ruisseaux, n'offriront plus leur dépopulation actuelle, ne seront plus de tristes solitudes, mais paraîtront animées, comme celles de l'industrieuse Chine, par des myriades d'individus d'espèces de poissons propres à nourrir l'homme et les animaux qui lui sont utiles ; alors on cultivera et l'on moissonnera les eaux, comme on cultive et moissonne les champs.

L'art de multiplier et d'élever le poisson dans l'intérêt de l'alimentation de l'homme n'est d'ailleurs pas nouveau ; les Chinois, dont la population est tellement nombreuse qu'elle habite même les fleuves, ont dû et ont su trouver pour se nourrir des ressources qui nous sont encore inconnues ; et ils ne pouvaient manquer de recourir à cette réserve immense de nourriture que leur offraient les eaux. Les voyageurs et les missionnaires qui ont visité la Chine s'accordent tous pour vanter l'industrie de ses habitants. Partout ils ont creusé des canaux, de vastes bassins, des rigoles et des réservoirs jusqu'au milieu de leurs champs, et non-seulement ils évitent ainsi les terribles inondations qui désolent si fréquemment certaines de nos provinces ; mais encore ils ont su peupler cet immense réseau d'eau d'une multitude de poissons qui forment la partie la plus importante de l'alimentation du peuple. La pêche y est sagement réglementée, et elle occupe des millions d'individus ; elle y est tellement abondante, que, sauf quelques espèces recherchées, les poissons ne se vendent guère au delà de 10 à 15 centimes la livre.

Mais les Chinois ne se contentent pas de ce que la nature a pu faire pour eux, ils l'aident avec intelligence et de toutes leurs forces. Ils ne se contentent pas d'user avec modération des richesses qu'ils possèdent et de ne point gaspiller ce riche fonds d'alimentation, ils travaillent à l'entretenir et à l'augmenter tous les jours, en soumettant les poissons à une éducation particulière, comme nous le faisons pour nos animaux domestiques.

Voici en abrégé les procédés qu'ils emploient :

Vers la fin d'avril, c'est-à-dire vers le temps du frai, ils établissent de distance en distance, dans les cours d'eau poissonneux, des barrages faits avec des nattes et des claies, et ils placent également le long des berges de petits fagots, à l'intention des espèces qui côtoient. Les poissons déposent leurs œufs sur ces fagots ou contre ces barrages, qui servent aussi à arrêter les œufs perdus que le courant entraîne ; quelques jours après on recueille dans des vases le frai qui a été fécondé par les mâles, et on le vend aux marchands qui viennent de tous côtés avec des barques pour l'acheter et le transporter dans diverses provinces, afin de le revendre à ceux qui ont des viviers et des étangs particuliers.

Dans les premiers temps de l'éclosion, on nourrit les

petits poissons avec des jaunes d'œufs de canard écrasés et délayés dans l'eau ; un seul œuf suffit pour quarante litres d'eau pendant les cinq ou six premiers jours, et l'on augmente progressivement la ration jusqu'à deux ou trois œufs par quarante litres ; puis l'on y ajoute des pois écrasés. Au bout de quelques semaines les petits poissons sont capables de pourvoir eux-mêmes à leur subsistance, les végétaux aquatiques fournissant à l'alimentation des espèces herbivores, et celles-ci servant à leur tour de nourriture aux carnassiers.

Les propriétaires d'étangs et de viviers y engraissent le poisson comme on le fait des bestiaux dans l'étable ; on leur donne deux, trois et jusqu'à quatre repas par jour, ce qui active singulièrement leur croissance. Les Chinois en élèvent ainsi plusieurs espèces dont la chair est excellente et dont le poids atteint parfois jusqu'à cent kilogrammes.

Si, au lieu de détruire chaque année inutilement des millions de petits poissons, on les recueillait vivants pour les diriger par des canaux dans de vastes réservoirs d'eau de mer, où ils pourraient se développer tranquillement, que de ressources nouvelles n'offriraient-ils pas à l'alimentation de l'homme ! Les seuls pêcheurs de crevettes détruisent chaque année, avec leur troubleau traînant, des millions de petits turbots, de petites soles, de petites barbues, et d'autres petits poissons de rivage qui se tiennent d'habitude au fond de l'eau, sur le sable. Quelle richesse pour celui qui réunirait ce jeune bétail aquatique dans des bergeries sous-marines pour les y transformer en troupeaux de grande taille !

Pour être moins avancée qu'en Chine, l'éducation des poissons n'est pas totalement inconnue en Europe, et depuis fort longtemps l'on y pratique même la fécondation artificielle. Comme je vous l'ai déjà dit, il n'y a pas d'union parmi la grande majorité des poissons ; à l'époque de la ponte, les femelles déposent leurs œufs sur le sable ou sur les plantes aquatiques, et les mâles, à la recherche de ces œufs, les arrosent de leur laitance ou liqueur fécondante.

Je vous ai dit la fécondité prodigieuse des poissons, et comment ces œufs livrés aux eaux, à peu près comme les graines des arbres sont livrées aux vents, se trouvent soumis à mille chances de destruction. L'on peut calculer qu'un centième de la ponte à peine donne des produits. La fécondation artificielle a pour but d'empêcher cette perte énorme, et voici comment la pratiquait, il y a près d'un siècle, un officier allemand du nom de Jacobi, le premier, je crois, qui ait eu cette ingénieuse idée. Jacobi fit pêcher au printemps des poissons prêts à frayer ; prenant alors une femelle, il lui pressait doucement le ventre au-dessus d'un vase à demi rempli d'eau, dans lequel il faisait tomber les œufs ; puis, prenant à son tour un mâle, il y faisait également tomber sa laitance, et agitait ensuite le tout avec la main, afin de rendre le mélange complet et assurer ainsi la fécondation de tous les œufs. Il plaçait ensuite ces œufs ainsi fécondés dans une caisse grillée dont le fond était garni de sable, sur le trajet d'un petit courant d'eau vive, et soustrayait ainsi les œufs à leurs ennemis habituels, tout en les laissant dans des circonstances semblables à celles où ils se seraient naturellement trouvés.

Au bout de cinq semaines, Jacobi vit avec joie sortir les petits poissons de leur coquille, conservant sous le ventre une poche jaune pendante qui sert à les nourrir pendant les premiers temps de leur existence, et qui disparaît à mesure qu'ils grandissent ; il les mettait alors dans un grand réservoir garni de sable où il les nourrissait avec du sang cuit et des petits vers ; puis, lorsqu'ils étaient arrivés à une taille convenable, il les lâchait dans les rivières, les lacs ou les étangs qu'il voulait empoissonner.

Cette méthode se répandit en Allemagne et en Angleterre, mais je ne crois pas qu'elle ait jamais été jusqu'à présent expérimentée en France (1).

(1) Ce n'est, en effet, qu'en 1844 que deux pêcheurs de la Bresse (Vosges), Rémy et Géhin, complétement ignorants des procédés employés avant eux, trouvèrent par leur sagacité et leur persévérance le moyen de remédier au dépérissement de leur industrie par des moyens à peu près semblables à ceux employés par Jacobi. Ils empoissonnèrent ainsi plusieurs cours d'eau; et depuis lors leurs procédés, adoptés et perfectionnés par les savants, ont été appliqués sur une grande échelle. L'on a même introduit récemment dans nos eaux plusieurs espèces étrangères qui semblent devoir s'y reproduire; et, grâce à la sollicitude du Gouvernement, ces essais créeront bientôt pour les populations de nouvelles ressources alimentaires, et pour le pays un nouvel élément de prospérité.

Nous renverrons ceux de nos lecteurs qui voudraient approfondir ce sujet intéressant aux *Instructions pratiques sur la pisciculture* de **M. Coste**.

DIX-HUITIÈME VEILLÉE.

LES INSECTES UTILES.

Aucun être n'est inutile en ce monde, chacun est appelé à jouer son petit rôle sur la scène terrestre, chacun a sa fonction dans le mécanisme admirable de l'univers. Et parce que nous ne voyons pas l'utilité de telle ou telle espèce, elle n'en existe pas moins pour cela. Seulement, tel animal, qui fait les affaires de la nature, ne fait pas celles de l'homme, et nuit même parfois gravement à ses intérêts. Tels sont les insectes, dont le plus grand nombre a pour mission, vous le savez, de maintenir dans de justes bornes la multiplication des végétaux, et qui, poussés par leurs instincts, s'efforcent de détruire nos cultures pour les ramener aux limites que la nature leur a assignées sur la terre.

Mais, avant de parler des insectes sous le rapport du préjudice qu'ils nous causent, ce que nous ferons dans une de nos prochaines veillées, nous allons nous occuper de ceux dont nous retirons quelques avantages : de l'abeille, à qui nous devons le miel et la cire ; du ver à soie, qui nous enrichit de magnifiques étoffes ; de la cochenille et du kermès, qui nous donnent une belle couleur rouge ; de la cantharide, employée par la médecine ; enfin, des insectes carnassiers ou parasites, qui, en dévorant ou faisant périr les insectes herbivores, sont nos auxiliaires et ont droit à notre reconnaissance.

Malheureusement les espèces d'insectes utiles, ceux que nous connaissons au moins, sont relativement en très-petit nombre, mais cela tient peut-être à l'indifférence avec laquelle on a, jusqu'à présent, observé leurs mœurs. Beaucoup d'insectes, surtout à l'état de larves, servent, dans divers pays, à la nourriture de l'homme, et un préjugé, que rien ne justifie, s'oppose seul à ce que nous les mangions. Nous avalons bien les escargots, les huîtres, les moules; en quoi beaucoup d'insectes, qui se nourrissent exclusivement de végétaux, sont-ils plus repoussants que ces animaux? Les anciens Romains mangeaient avec délices, sous le nom de *cossus*, le gros ver blanc du capricorne; les colons d'Amérique vantent la délicatesse d'un plat de vers palmistes; les Arabes se vengent des désastreuses sauterelles, qui souvent font disparaître autour de leur demeure toute trace de végétation, en les mangeant à leur tour. Les nègres sont très-friands de termites, et les Chinois regardent comme un objet de gourmandise un plat de vers à soie.

Vous savez que les insectes sont de petits animaux dont le corps est formé de plusieurs anneaux; ils ont six pattes, ordinairement des ailes au nombre de quatre ou de deux, deux petites cornes, appelées antennes, sur le devant de la tête. Ils ont une bouche munie de mâchoires qui se meuvent en travers ou d'une trompe. Les insectes se reproduisent par des œufs que pondent les femelles, et passent le plus souvent par deux états très-différents avant d'arriver à l'état parfait. De l'œuf sort un petit ver (larve ou chenille), qui, après un temps plus ou moins long, se file une coque ou se renferme dans sa peau durcie pour passer dans l'immobilité un certain temps. C'est de cette nymphe ou chrysalide que sort l'insecte parfait, dont la forme est presque toujours très-différente de celle qu'il avait avant sa métamorphose. Les insectes prennent toute leur croissance à l'état de larve ; dès qu'ils ont revêtu leur dernière forme, ils ne changent plus, et la nourriture qu'ils prennent ne sert qu'à alimenter leur vie.

On remarque dans les insectes une diversité infinie de formes, mais ils offrent cependant certains caractères constants qui ont permis de les répartir dans un petit nombre de groupes ou ordres. Tels sont les insectes à étuis ou *coléoptères*, dont les ailes supérieures, épaisses ou cornées, servent à garantir les inférieures, comme dans le hanneton ; les insectes dont les étuis ne sont crustacés que dans leur moitié supérieure, ou *hémiptères*, comme les punaises des champs et des bois ; les papillons, ou *lépidoptères*, dont les ailes sont recouvertes et colorées de petites écailles semblables à de la poussière ; les *hyménoptères*, ou insectes à quatre ailes transparentes parcourues par des nervures, comme la guêpe, l'abeille ; les *diptères*, qui n'ont que deux ailes transparentes, comme les mouches, etc.

Les Abeilles.

L'abeille, ou mouche à miel, est un des insectes les plus précieux pour l'homme, puisqu'il en retire le miel et la cire. A l'état sauvage, les abeilles sociales se tiennent dans des creux d'arbres ou de rochers, dans lesquels elles construisent leurs alvéoles, et leur état est dès lors aussi bien policé que dans les ruches où nous les recueillons et les abritons. L'histoire des mœurs de ces intéressants petits animaux s'applique donc également aux abeilles sauvages et aux abeilles domestiques.

Chez le plus grand nombre d'insectes, il existe deux genres d'individus : des mâles et des femelles ; mais, dans les abeilles, les fourmis et quelques autres insectes de l'ordre des hyménoptères, on trouve une troisième sorte d'individus, qui n'ont pas de sexe, et que, pour cette raison, on a appelés *neutres*; ces derniers ne sont, du reste, comme nous le verrons plus tard, que des femelles dont les organes sexuels ne se sont pas développés. Une société ou un essaim d'abeilles se compose d'une seule femelle féconde, qui est la mère abeille ou la reine (2), et de deux ordres de citoyens : les mâles ou *faux-bourdons* (1), plus gros que les abeilles ordinaires, et qui s'en distinguent en outre par le développement de leurs yeux et l'absence d'aiguillon; ce sont les pères de la cité; et les neutres ou *ouvrières* (3), destinées à nourrir les autres ordres et à construire les édifices. Ces ouvrières se distinguent par leur taille plus petite et par la forme de leurs pattes postérieures, dont la jambe est creusée d'une fossette et le premier article du tarse carré et garni d'une brosse de poils ; c'est là l'instrument dont se servent les abeilles pour la récolte du pollen. Lorsque l'insecte se roule dans la corolle des fleurs, la poussière fécondante ou pollen de ces fleurs s'attache aux poils dont son corps est hérissé; alors, au moyen de la brosse qui garnit le tarse, l'abeille réunit cette poussière jaune en petites boulettes qu'elle colle dans la fossette de ses jambes.

Le nombre des abeilles qui forment un essaim varie beaucoup; la ruche peut renfermer de 200 à 1,000 mâles, et de 15,000 à 25,000 ouvrières; mais il ne peut y avoir jamais qu'une seule reine ou femelle pondeuse. Comme les ouvrières ou neutres, cette reine est armée d'un aiguillon, les mâles seuls en sont privés. Le premier soin d'un essaim, dans son habitation, est d'en calfeutrer bien exactement toutes les parois intérieures avec de la cire; puis les ouvrières jettent les fondements de la cité et des habitations de la postérité à venir. Les mâles et la femelle ne travaillent à aucun ouvrage, ils sont uniquement destinés

à la reproduction de l'espèce. Les abeilles ouvrières vont
dès le matin à la picorée, ou butiner sur les fleurs, qu'elles
savent parfaitement reconnaître de très-loin à la couleur de

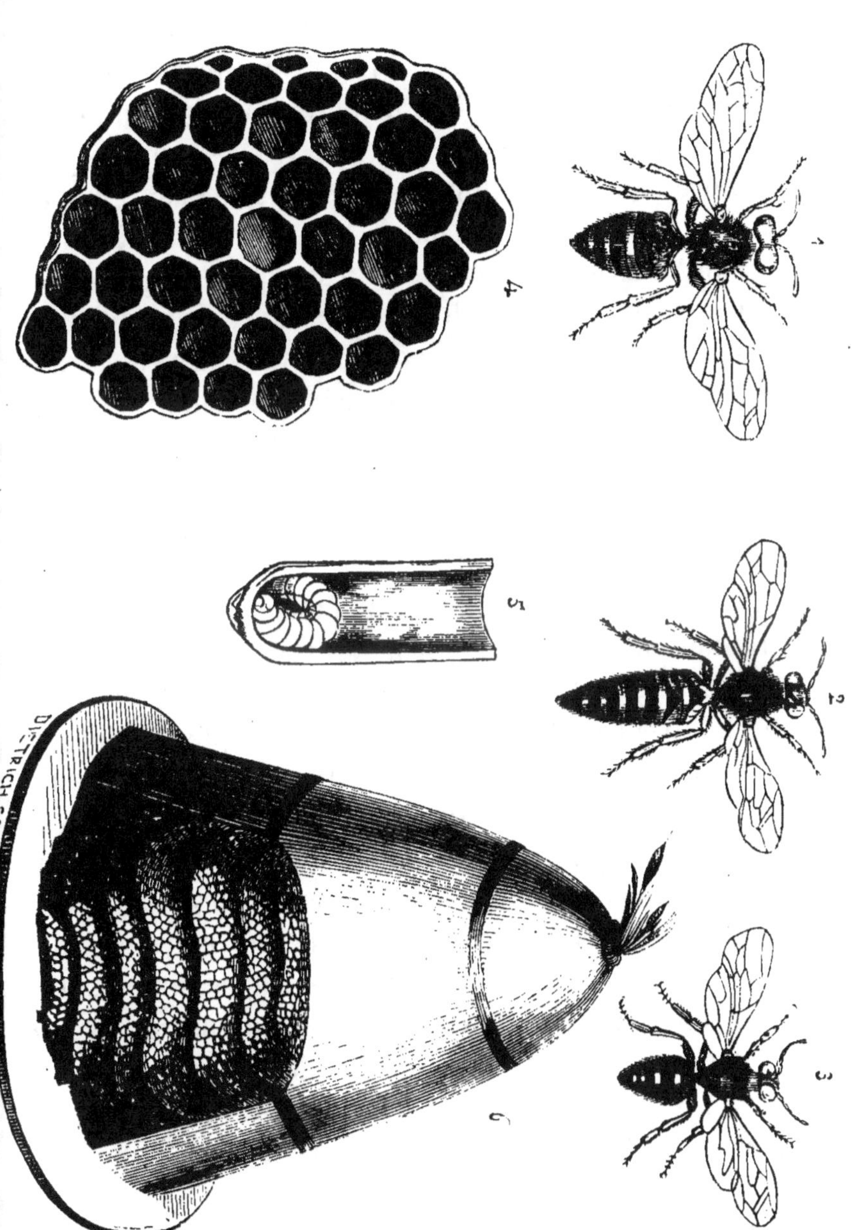

leur corolle, espèce d'enseigne qui leur indique l'hôtellerie où elles trouveront leur succulent repas. C'est au moyen de leur bouche en forme de trompe qu'elles retirent du nectaire des fleurs le suc qu'elles convertiront en miel. Chacun sait, en effet, que c'est aux sécrétions des abeilles que nous devons le miel et la cire. On a pensé pendant longtemps que cette dernière matière était due au pollen dont se nourrissent quelquefois les ouvrières ; que ce pollen, élaboré dans leur estomac, était ensuite dégorgé sous forme d'une bouillie blanchâtre qui, durcissant à l'air, constituait la véritable cire. Il n'en est cependant pas ainsi, car la cire est sécrétée entre les anneaux du ventre, ce dont on peut facilement se convaincre en soulevant un peu ces anneaux, et des abeilles, nourries exclusivement avec du sucre, n'ont pas cessé de produire de la cire. C'est avec cette matière que les ouvrières construisent les cellules destinées à recevoir les œufs pondus par la reine. Chaque cellule ou alvéole a la forme d'un petit godet hexagonal ou à six côtés, parfaitement régulier, fermé d'un côté seulement (4 et 5), et la réunion de ces alvéoles constitue ce que l'on nomme *gâteau*. Les gâteaux résultent de l'adossement de deux couches d'alvéoles, disposées de telle sorte que le fond des unes devient le fond des autres. On ne sait trop ce qu'il faut admirer le plus, ou de la régularité et de la délicatesse de l'ouvrage, ou de l'habileté des ouvrières. Pour construire, l'abeille prend successivement les plaques de cire entre les anneaux de son ventre, au moyen de ses pattes, les porte à sa bouche, puis les mâche pour les réduire en minces filaments qu'elle applique contre la voûte de la **ruche**. Plusieurs abeilles travaillent de concert, et les filaments qu'elles déposent forment bientôt une masse assez étendue dans laquelle elles creusent les cellules.

Les cellules sont de trois sortes : il y en a des petites, destinées aux larves des ouvrières et à la provision de miel; des moyennes, destinées aux larves des mâles, qui sont plus grosses; et enfin des grandes, destinées aux œufs, et par suite aux larves devant donner naissance à des femelles ou reines. Celles-ci sont toujours en petit nombre, 10 à 15 au plus, et placées au centre de la ruche; elles sont rondes, à parois épaisses comme un dé à coudre; chacune coûte bien aux ouvrières le travail et la matière de cent alvéoles ordinaires; c'est un vrai palais de reine, et rien n'est trop beau pour leur souveraine. Les moyennes cellules des mâles entourent les cellules royales; puis enfin viennent les cellules destinées au peuple des travailleurs. Lorsque le gâteau est terminé, d'autres ouvrières pénètrent dans chaque alvéole pour en polir les parois et pour garnir les pans et l'orifice de *propolis*, sorte de gomme résineuse qu'elles recueillent principalement sur les bourgeons du peuplier. Les cellules ordinaires sont alors remplies de miel pur, et bouchées avec un couvercle de cire qui l'empêche de s'écouler : c'est la provision surtout pour l'hiver. Ce miel, si doux, ce n'est pas l'abeille qui le fait, elle le récolte sur les fleurs, dont elle suce les glandes nectarifères. Elle l'apporte dans son estomac, petite vessie transparente qu'on observe en séparant son ventre de sa poitrine, et elle le dégorge dans les alvéoles.

Comme je vous l'ai dit, la reine, ou mère abeille, est seule de son sexe dans la ruche, et elle peut choisir son époux dans les centaines de mâles qui l'entourent. Au printemps, la reine quitte la ruche, et tous les mâles la suivent en s'élevant dans les airs. Elle reste dehors moins d'une heure et rentre fécondée. Un fait digne de remarque, c'est que la fécondation ne peut avoir lieu que dans l'air, et que les femelles que l'on tient renfermées dans les ruches restent infécondes.

A son retour, la reine est entourée par les ouvrières, qui

lui prodiguent les soins les plus empressés; elles la caressent doucement avec leur trompe, et dégorgent de temps en temps du miel qu'elles lui présentent. Quarante-huit heures environ après sa rentrée dans la ruche, la femelle commence à pondre; elle parcourt les gâteaux, introduit le bout de son abdomen dans les alvéoles, et dépose dans chacune un œuf. Elle en pond environ 200 par jour, et de 30 à 40 mille par an. Les premiers œufs que pond la femelle doivent donner naissance à des neutres ou ouvrières; ce n'est que longtemps après qu'elle pond des œufs de mâles. Au bout de trois jours les œufs éclosent; il en sort un petit ver blanc, sans pieds, qui devient aussitôt l'objet de la sollicitude des ouvrières. Celles-ci, comme de bonnes nourrices, lui apportent plusieurs fois par jour une pâtée mielleuse, dont la composition diffère suivant l'âge et le sexe du nourrisson. Cinq jours après sa naissance, la larve a atteint tout son développement, et elle se met aussitôt en devoir de filer une coque de soie, dans laquelle elle se renferme pour opérer sa métamorphose en abeille; elle sort enfin de son alvéole sous cette dernière forme vingt jours après la ponte. Les ouvrières s'empressent aussitôt autour de cette nouvelle sœur, l'essuyant, la léchant, et lui offrant du miel jusqu'à ce qu'elle soit bien affermie; elle prend alors sa volée et s'en va butiner avec ses compagnes.

En vous parlant de la ponte des œufs par la reine, vous avez remarqué, sans doute, que je ne vous ai pas parlé de la ponte des œufs destinés à produire des femelles; c'est qu'en effet elle n'en produit pas; elle ne dépose dans les cellules que des œufs de neutres et de mâles. C'est certainement là un des faits les plus singuliers de l'histoire des abeilles. Lorsque la ruche vient à perdre sa reine, les ouvrières choisissent une larve de neutre déposée dans une des cellules royales, et, au moyen d'une bouillie particu-

lière, elles lui rendent les attributs de son sexe, la fécondité, et l'élèvent au rang de reine. Cette étonnante décou-
verte est due à l'un des nôtres, à un simple paysan de la
Lusace, nommé Schirach, et elle a été depuis pleinement
confirmée.

Comme je vous l'ai dit d'ailleurs, les neutres, ou
ouvrières, ne sont que des femelles dont les organes sexuels
ne se sont pas développés, sans doute à cause de l'étroi-
tesse de leur berceau et du défaut d'une nourriture assez
substantielle ; car ce ver neutre, élevé dans une cellule
royale et nourri d'une pâtée plus nutritive et plus succu-
lente, devient plus gros et se développe en femelle parfaite. Bien que restées neutres, les ouvrières ont conservé,
comme on le voit, cet instinct maternel que la nature a
mis chez tous les animaux pour assurer la conservation de
l'espèce, et elles en remplissent les devoirs avec une ardeur infatigable. C'est là la cause et le lien de leurs asso-
ciations.

Il arrive parfois, par des causes dont nous n'avons pu
pénétrer le secret, qu'il naît une seconde reine du vivant
de la reine mère ; c'est un événement grave, qui donne
souvent lieu à de grands troubles dans l'État, car il se
forme alors deux partis, celui de la nouvelle reine et celui
de la mère. Celle-ci, pleine de jalousie et de rage, ne
songe à rien moins qu'à se débarrasser de sa rivale par un
crime. Elle attaque la jeune reine et cherche à la percer
de son aiguillon ; celle-ci se défend, et il en résulte un
combat qui ne se termine que par la mort de l'une des
deux rivales. Le cadavre du vaincu est traîné hors de la
ruche, et tout rentre dans l'ordre. Quant à ces batailles
rangées que se livreraient les ouvrières partagées en deux
camps, et dont les poëtes nous ont fait de si pompeuses
descriptions, elles n'ont que le défaut de manquer de vérité ; les neutres restent toujours simples spectatrices du

combat, et les mâles, ou faux bourdons, qui sont sans armes, ne se mêlent pas plus à ces querelles.

Les choses ne se passent d'ailleurs pas toujours ainsi, et il arrive souvent que l'affaire se termine d'une façon moins tragique. Lorsque la ruche est très-populeuse et regorge d'habitants, la reine mère se sacrifie au bien public; elle assemble les anciens, et quitte la ruche pour aller fonder ailleurs une nouvelle colonie. On donne le nom d'essaims à ces colonies errantes. Bientôt la reine s'arrête sur quelque branche d'arbre, et ses fidèles sujets viennent se grouper autour d'elle, accrochés les uns aux autres et formant une espèce de grappe. C'est le moment que doit choisir le cultivateur pour s'emparer de l'essaim et le placer dans une ruche.

Les mâles, ou faux bourdons, n'ont d'autre mission que de féconder la reine mère; ils vivent en fainéants dans la ruche, soignés et nourris par les laborieuses ouvrières; mais, lorsque arrive l'automne, leur rôle est rempli, ils ne sont plus bons à rien, et les ouvrières, ne voyant plus en eux que des paresseux et des bouches inutiles, les chassent sans pitié de la ruche. Les malheureux bannis, incapables de pourvoir eux-mêmes à leur subsistance, et sans défense contre le froid et la pluie, traînent pendant quelque temps leur misérable existence et meurent bientôt.

Les abeilles ne laissent d'habitude à la ruche qu'une entrée fort étroite, et elles placent des sentinelles chargées de la police et de la garde de la cité; mais, malgré tous leurs soins et leur vigilance, elles ne peuvent empêcher quelques ennemis d'y entrer. Au nombre de ceux-ci sont les frelons et les guêpes, qui les tuent et leur dérobent leur miel; les teignes, qui percent et salissent leurs alvéoles; beaucoup d'oiseaux, et surtout la bondrée, leur font la chasse au dehors.

L'abeille est peut-être, de tous les animaux que l'homme

peut utiliser, celui qui demande le moins de soins et fournit le plus de produits. Cet insecte ne fait aucun tort aux
plantes ; ce qu'il leur enlève ne peut en rien amoindrir
leur production, et serait perdu sans lui : au contraire, il
favorise beaucoup leur fructification en faisant tomber le
pollen fécondant sur les organes femelles de la fleur, ou
même en le transportant, attaché à son corps, d'une fleur
dans une autre. Il est donc avantageux d'avoir quelques
ruches dans son jardin.

Une ruche doit être assez grande pour loger 35 à 40
mille abeilles, le couvain de la reine et les résultats des
travaux de la colonie. Le plus souvent, l'improduction
des abeilles résulte de la trop petite dimension de la ruche. Celle-ci est généralement de forme conique ; elle doit
avoir au moins un mètre de haut et soixante centimètres
de largeur à sa base. La ruche la plus simple et la plus
commode se compose de trois compartiments séparés et
superposés : le premier, en bas, haut de vingt-cinq centimètres, se nomme la défense ; le second, au-dessus,
nommé couvain, a cinquante centimètres de hauteur ; et le
troisième, haut de vingt-cinq centimètres, couronne la ruche, et se nomme cabochon. Ces trois compartiments com-
muniquent ensemble par des ouvertures grillées en petit
osier croisé ; la ruche se fait en paille de seigle tordue en
rond, puis recouverte d'un enduit composé de chaux mélangée de foin haché très-fin. Pour la garantir de la pluie,
on la recouvre d'un faisceau de paille de seigle ; le sommet
de la ruche doit se terminer par un cône en bois, ou
mieux, par un vase en terre cuite. Le premier compartiment sert à la ruche de réservoir d'air et de défense : c'est
pour les ennemis des abeilles un obstacle à surmonter ;
celles-ci, qui font toujours bonne garde, ont le temps d'a-
percevoir l'ennemi avant qu'il ait pu pénétrer au cœur de
la place, de le tuer ou de le chasser. Le second comparti-

ment, ou couvain, est la véritable ruche ; c'est là que les abeilles construisent les rayons de cire et que la reine dépose ses œufs. Le troisième compartiment, ou cabochon, est celui où les abeilles placent leur grenier d'abondance, les rayons destinés à contenir le miel, que toujours elles placent au haut de leurs travaux, de sorte qu'après avoir engourdi les abeilles, on peut enlever ces rayons sans tailler la ruche (*).

On recueille le miel, au plus tard, au mois de juillet, afin qu'à l'aide des fleurs d'automne, les abeilles puissent réparer leurs pertes et emmagasiner assez de miel pour suffire à leurs approvisionnements d'hiver.

La réussite d'un rucher et la qualité du miel dépendent beaucoup de la situation ; il demande à être placé, autant que possible, dans le voisinage des bois, des prairies émaillées de fleurs, des champs cultivés, et près d'un cours d'eau. Dans un tel milieu, les abeilles prospèrent et produisent toujours. Le miel prend les qualités des plantes sur lesquelles il est recueili ; ce sont le romarin et les plantes aromatiques de nos provinces méridionales qui donnent au miel de Narbonne son parfum agréable ; certaines abeilles de l'île Bourbon donnent un miel de couleur verdâtre, dont la coloration est due aux fleurs d'une espèce d'acacia.

La plupart des cultivateurs de ruches emploient, pour récolter le miel et la cire des abeilles, un moyen aussi barbare qu'absurde et contraire à leurs intérêts : ils font brûler, à l'entrée de la ruche, du soufre, dont la vapeur asphyxie les abeilles, tandis qu'ils pourraient simplement les engourdir au moyen de la fumée des lycoperdons, es-

---

(*) Cette ruche a été inventée et décrite par M. le baron de Montgaudry.

pèces de champignons qui jouissent de propriétés narco-
tiques. Ce procédé ne nuit aucunement aux abeilles ; on les
entend d'abord bourdonner avec force et s'agiter dans la
ruche, puis le murmure s'affaiblit et cesse tout à fait : on
peut alors découvrir la ruche et faire la récolte sans danger ; l'abeille, engourdie, revient à elle peu de temps après
et reprend bientôt son travail et ses habitudes (*).

Les Vers à soie.

Le ver connu sous le nom de ver à soie est la chenille
d'un papillon de nuit, ou bombyx, qui vit sur le mûrier.
Vous connaissez tous cette chenille (2), d'un blanc rosé
nuancé de gris, le cocon (3) qu'elle fabrique d'un fil blanc,
jaune ou verdâtre, et le papillon grisâtre qui en sort (4).

Cet insecte précieux vient de la Chine et de l'Inde, où
l'on emploie sa soie depuis un temps immémorial.

Les anciens Romains connaissaient cette riche matière,
qu'ils tiraient de l'Asie et payaient au poids de l'or, mais
ils ne connaissaient pas l'insecte qui la produit. Ce ne fut
que sous l'empereur Justinien que des moines, envoyés
dans l'Inde, parvinrent à tromper la surveillance jalouse
de ceux qui élevaient les vers à soie, observèrent leur méthode d'éducation et rapportèrent, dans un bâton creux,
des œufs que l'on fit éclore à la chaleur du fumier. L'im-
pératrice et les dames de sa cour soignèrent de leurs pro-

(*) On peut également assoupir les abeilles par un procédé fort
simple et peu coûteux, qui consiste dans l'introduction dans la ruche d'une petite quantité de gaz azote. On obtient ce gaz en impré-
gnant un petit paquet de filasse d'une forte solution de nitre, ou sal-
pêtre, que l'on fait sécher, puis brûler dans un petit cylindre de
métal. Le sel, décomposé par la combustion, laisse échapper le gaz,
que l'on dirige dans la ruche au moyen d'un soufflet qui s'adapte à
l'une des ouvertures du cylindre.

près mains les précieux vers qui en sortirent, et cette
éducation devint bientôt tellement à la mode que toute la
Grèce se couvrit, pour ainsi dire, de plantations de mûriers pour nourrir ces insectes, et de là vient le nom de
Morée que ces pays portent encore aujourd'hui. Les vers

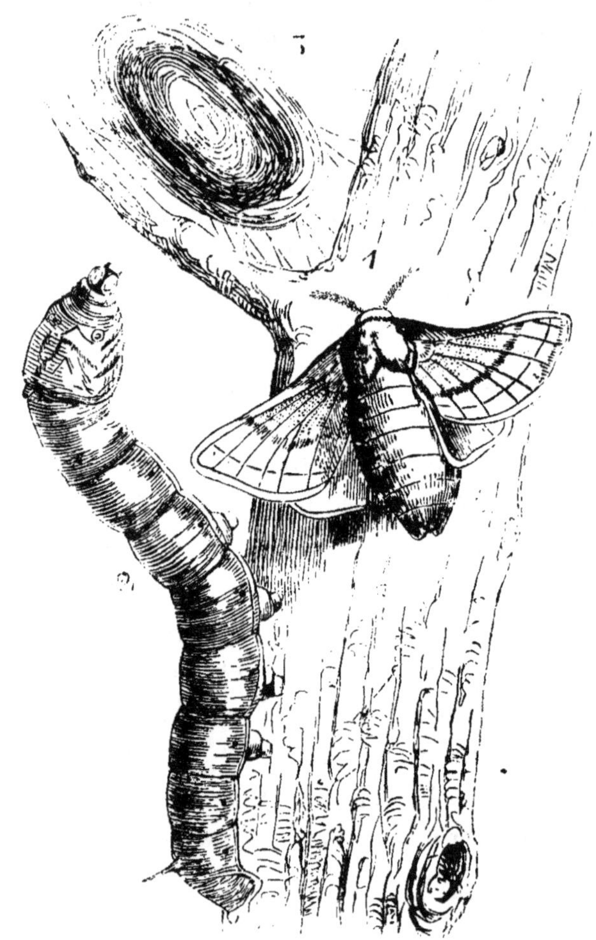

Bombyx ver à soie.

à soie se répandirent de là en Italie et dans d'autres contrées méridionales de l'Europe. En 1494 seulement, lors
de la conquête de Naples par Charles VIII, on importa des
vers à soie et des mûriers en France; mais ce ne fut, en

réalité, que sous le règne de Henri IV, et par les soins du sage Sully, que cette branche d'industrie devint importante : depuis lors, elle a pris une extension remarquable, et le monde entier connaît aujourd'hui la renommée des soieries de Lyon.

De nos jours, la femme d'un paysan, d'un simple ouvrier, peut porter aux jours de fêtes cette robe de soie que les reines de France, il y a trois cents ans, ne pouvaient se procurer qu'au poids de l'or.

Plusieurs d'entre vous se sont sans doute amusés, dans leur enfance, à élever des vers à soie ; leur culture sur une grande échelle, dans les locaux particuliers, connus sous le nom de *magnaneries*, est à peu près la même. La femelle du bombyx du mûrier pond ses œufs vers le milieu de l'été ; ce n'est qu'au printemps suivant qu'ils éclosent. Les jeunes vers sont noirs et hérissés de poils ; trois ou quatre jours après leur naissance, ils changent de peau, et leur couleur commence à s'éclaircir ; une seconde mue a lieu quelques jours après la première, et ils se dépouillent ainsi quatre fois de leur peau avant d'avoir acquis leur entier développement. Après la dernière mue, le ver à soie mange considérablement, puis il devient plus lent, cesse de manger, et commence à filer son cocon. La soie dont est composé celui-ci est formée d'une sorte de vernis liquide, contenu dans deux petits réservoirs situés le long de l'estomac, et qui aboutissent à la filière placée en dessous de la bouche. La matière soyeuse s'étire en fil et se sèche à l'air. Le ver tire continuellement le même fil de soie en zigzag pendant les cinq à six jours qu'il emploie à s'envelopper de son cocon, et la longueur de ce fil est d'environ 300 mètres.

Lorsque son cocon est entièrement terminé, le corps du ver se raccourcit, se renfle, et, au bout de quelques jours, se trouve formé en chrysalide ; il reste immobile comme en un tombeau pendant une quinzaine de jours, temps au bout duquel il devient papillon, et sort en perçant son cocon d'un trou circulaire. Ces insectes s'accouplent presque en naissant, et la femelle pond aussitôt ses œufs, après quoi elle meurt.

On donne le nom de *magnaneries* aux établissements consacrés à la culture de la soie; ces locaux doivent être vastes et bien aérés : on y entretient une température constante de 25 à 30 degrés. Lorsque les vers ont filé leurs cocons, on choisit les mieux conformés pour la reproduction, et on dépose les autres sur des claies jusqu'au moment d'étouffer les chrysalides. Cette dernière opération doit se faire sans délai, de crainte que le papillon, venant à percer l'enveloppe pour sortir, ne rompe ainsi les fils de soie. Elle consiste à introduire les cocons dans des tubes de zinc hermétiquement fermés, qu'on tient plongés pendant quelques instants dans l'eau bouillante.

La première opération que la soie ait à subir est celle du dévidage; elle se fait dans la magnanerie même, par des femmes assises devant une bassine remplie d'eau chaude : la fileuse jette plusieurs cocons dans cette bassine pour détremper la matière gommeuse qui entoure et colle le fil, puis elle étire la première couche, formée d'un fil grossier nommé *côtes*; quand elle est arrivée à la soie pure, elle commence à dévider en croisant le fil, et c'est en cet état que celui-ci passe à la tourneuse, qui le met sur le dévidoir et en fait des écheveaux.

Outre la chenille du mûrier dont je viens de vous parler, les Chinois ont encore deux ou trois autres espèces de vers à soie qui vivent à l'état sauvage. Ces vers donnent dans tous les bois et sur les buissons une soie plus forte, plus épaisse et plus abondante, que l'on récolte pour en tisser des étoffes communes dont le peuple fait ses habits; ces étoffes, d'un excellent usage, ressemblent à notre droguet, mais elles sont bien plus fines et plus solides. Avec la bourre, ou filoselle des cocons de ces vers sauvages, ils fabriquent d'excellent papier pour écrire, et ce papier est si souple et si doux qu'on en fait des chemises, des draps, des mouchoirs ainsi que les voiles des bateaux. Avec une autre soie plus solide et plus commune, on fabrique de gros cartonnages très-épais dont on fait des maisons portatives. Outre que cette substance est là plus vulgaire que nos toiles de chanvre et de lin en Europe, elle est d'un meilleur usage, car elle ne se pourrit jamais à l'air, et l'on a retrouvé, dit-on, des tissus de soie dans des tombeaux de plus de 500 ans d'ancienneté que n'avait pas altérés l'humidité de la terre (*).

(⋆) On a introduit dans ces derniers temps en Europe plusieurs nouvelles espèces de vers à soie qui donnent, pour la plupart, une soie moins belle que le bombyx du mûrier, mais qui rachètent ce désavantage par des qualités d'un autre genre. Ainsi, le ver à soie du chêne ou du jujubier de l'Inde (*bombyx mylitta*) donne une soie moins brillante, mais d'une extrême solidité; on en fait, dans l'Inde, des étoffes d'un excellent usage. Cette espèce vit parfaitement sur notre chêne commun; elle peut par conséquent être élevée facilement et presque sans culture. Dans le voisinage des bois, on lui trouverait, sans frais, une nourriture abondante, et les gens les plus pauvres des campagnes pourraient, en s'occupant de ces vers, obtenir un assez bon produit, car leur nourriture ne coûterait rien, et ils donnent dix fois plus de soie que le bombyx du mûrier; en effet, six cents cocons du mylitta donnent 1 kilogramme de soie, tandis qu'il faut six mille cocons de notre ver à soie ordinaire pour en donner la même quantité. La culture de la soie, aujourd'hui limitée en France aux provinces du Midi, pourrait donc s'étendre jusque dans le Nord, et enrichir ses provinces sans appauvrir le Midi, car la soie du bombyx du mûrier restera toujours la soie par excellence, la soie de luxe, et celle du ver du chêne sera chez nous ce qu'elle est en Chine, la soie du peuple.

Une autre espèce asiatique très-précieuse, et qui peut être considérée comme acquise aujourd'hui à la France, est le *bombyx*, ou *ver à soie de l'aylanthe*. Sa soie, comme celle du ver du chêne, est moins fine et moins brillante que celle du bombyx du mûrier, mais elle est très-souple et très-résistante, et de très-belles étoffes ont déjà

La Cochenille.

On connaît plusieurs espèces de cochenilles; mais la plus célèbre est la *cochenille du nopal*, dont on tire la substance connue sous le nom de graine d'écarlate, et qui fournit à la teinture la belle couleur avec laquelle on prépare le carmin.

Ce petit insecte est originaire du Mexique, où il vit sur le nopal (*cactus opuntia*). Le mâle (fig. 2), plus petit que la femelle, a le corps allongé, d'un rouge foncé et terminé par deux longues soies divergentes ; ses ailes sont grandes et blanches, ses antennes longues. La femelle (fig. 1), plus grosse que le mâle, n'a point d'ailes; elle est munie d'un petit bec conique très-pointu qui lui sert à percer l'épiderme des végétaux et à pomper les sucs dont elle fait sa nourriture. Son corps, formé d'anneaux, est

---

été fabriquées en France, où ce nouveau ver à soie est aujourd'hui très-répandu. Le bombyx de l'aylanthe, ou vernis du Japon, présente d'immenses avantages ; il vit, en effet, sur une plante qui prospère dans toutes les régions de la France, et dont la croissance est très-rapide. Ce ver est très-robuste, et résiste parfaitement en plein air au froid et à la pluie ; il complète son développement et ses transformations en deux mois et demi; la seconde génération, produite à l'automne, file ses cocons la même année, mais le papillon n'en sort qu'au mois de juin suivant. Le ver de l'aylanthe et celui du chêne paraissent donc destinés, sinon à remplacer le ver à soie du mûrier, du moins à le suppléer. Depuis plusieurs années, en effet, les vers à soie ordinaires sont décimés par de terribles maladies auxquelles on n'a pas encore trouvé de remède ; et, dans beaucoup de localités du midi de la France et de l'Italie, les sériciculteurs, découragés, arrachent les mûriers.

On a tenté aussi l'acclimatation d'une troisième espèce, du ver à soie du ricin, mais la culture en est moins avantageuse que celle des deux précédentes, en ce que la plante sur laquelle il vit ne croît bien que dans les régions chaudes, et qu'il faut la semer tous les ans. Des expériences faites jusqu'à ce jour, il semblerait résulter que la production de cette soie couvre à peine les frais qu'elle occasionne.

aplati en dessous et convexe en dessus, d'un brun foncé, recouvert d'une villosité blanchâtre. Comme tous les autres insectes, les cochenilles subissent des métamorphoses : des œufs pondus par la femelle sortent de petites larves qui, après avoir changé de peau un certain nombre de fois, se transforment en nymphes dans leur peau durcie qui leur sert de coque, puis elles en sortent au printemps suivant à l'état d'insecte parfait.

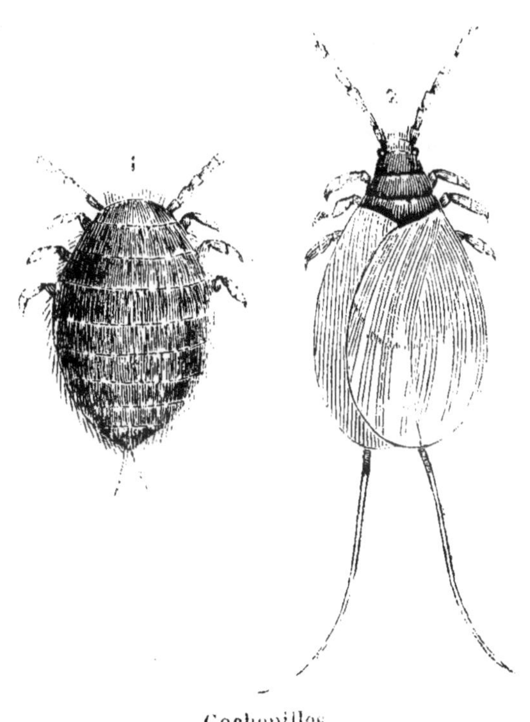

Cochenilles.

Aussitôt éclose, la femelle cherche sur la plante qu'elle habite un endroit convenable; dès qu'elle l'a trouvé, elle enfonce son petit bec pointu dans l'épiderme de la feuille ou de la tige, et ne bouge plus ; la trompe seule fonctionne, et l'insecte prend bientôt un accroissement considérable qui lui fait acquérir le volume d'un pois; son ventre se remplit en même temps d'une quantité de petits œufs.

Le mâle, qui est pourvu d'ailes, ne grossit pas, il est complétement privé de bouche; mais il ne perd rien pour cela de son activité. Il voltige constamment autour des femelles et féconde leurs œufs; puis, peu de temps après avoir rempli sa mission, car c'est la seule que lui ait confiée la nature, il meurt.

La femelle pond ses œufs presque aussitôt après avoir été fécondée ; ceux-ci restent d'abord fixés sous son ventre, mais bientôt la mère meurt sur ses œufs, et sa peau se dessèche pour leur servir de coque. Les larves ne tardent pas à éclore; elle dévorent les entrailles de leur propre mère, et ne laissent subsister de son cadavre que l'enveloppe qui leur sert d'abri.

Dans les pays où croît le nopal, au Mexique , aux îles Canaries, dans le sud de l'Espagne et en Algérie, on élève et on récolte les cochenilles, et voici de quelle façon l'on procède : on construit de petits nids en filasse qu'on accroche aux épines du cactus, et dans lesquels on dépose huit ou dix femelles desséchées et servant d'enveloppes à une quantité considérable de petits œufs ; bientôt on voit éclore, par l'action de la chaleur solaire, une foule de petites larves qui se répandent sur la surface du végétal, s'y nourrissent et s'y métamorphosent. On récolte les femelles avant qu'elles aient effectué leur ponte, c'est-à-dire au moment où elles ont acquis leur plus fort volume, et on en empêche l'éclosion en les faisant sécher dans un four ou en les plongeant dans l'eau bouillante; mais ce dernier procédé est le moins avantageux, l'eau bouillante enlevant une partie de la couleur. La cochenille est sans contredit la plus belle des matières colorantes rouges employées dans la teinture, et elle s'applique surtout sur la laine. Cette substance vaut de 12 à 13 francs le kilogramme.

Le *cactus opuntia* croît facilement dans le midi de la France, et il serait fort avantageux sans doute d'y introduire la culture de la cochenille, car la plante sur laquelle vit cet insecte est peu difficile sur la nature du sol, et la Provence ne renferme que trop de terrains arides qui pourraient être ainsi mis en valeur.

Une autre espèce de cochenille vit en Provence sur les feuilles d'un chêne; elle est connue dans l'industrie sous le nom de *kermès*, mais la couleur d'un rouge brun qu'elle donne est loin d'approcher de celle de la cochenille, et on ne l'emploie que pour les teintures communes.

Les autres insectes de ce genre vivent sur le pêcher, la vigne, l'oranger, l'olivier, et ne sont connus que par les dégâts qu'ils occasionnent.

Les Cantharides.

Les cantharides sont des insectes utiles à l'homme par les services qu'ils rendent dans certaines maladies. Quand des humeurs viciées ou trop abondantes viennent détruire l'harmonie qui constitue la santé, on produit par l'application de leur dépouille, douée de propriétés irritantes, une plaie factice nommée vésicatoire qui opère une salutaire révulsion. La cantharide est un insecte coléoptère, c'est-à-dire dont les ailes supérieures sont crustacées et garantissent les autres ailes pendant le repos. Ces ailes, ou élytres, sont d'un beau vert doré, et le corcelet cuivreux: ses antennes sont noirâtres, et son corps, élégamment élancé, est long d'à peu près 20 millimètres.

Les cantharides vivent en troupes nombreuses sur les frênes et les lilas, dont elles dévorent le feuillage; leur odeur est très-forte et peut faire reconnaître leur présence à une assez grande distance. Quand on veut recueillir ces insectes, on a soin d'observer pendant le jour l'arbre sur

lequel ils se sont arrêtés, puis on place un drap autour de
cet arbre, que l'on secoue fortement dès le matin, pendant
que ces insectes sont encore engourdis. On les fait périr
en les exposant à la vapeur du vinaigre bouillant, ensuite on les fait sécher, afin de les conserver. Les phar-
maciens les réduisent en poudre pour en faire usage.
Cette poudre prise à l'intérieur est un poison violent qui
cause d'affreuses souffrances, presque toujours suivies de
mort.

La récolte des cantharides est doublement avantageuse,
puisque non-seulement elle donne un beau produit, mais
en outre débarrasse le frêne et quelques autres essences
d'un insecte qui leur fait beaucoup de tort.

————

LES INSECTES AUXILIAIRES DE L'HOMME.

————

Outre les insectes directement profitables à l'homme par les produits qu'ils lui donnent, il faut ranger parmi les animaux utiles tous les insectes carnassiers qui tuent pour s'en nourrir les espèces herbivores que redoutent nos cultures.

Au premier rang se placent les *carabes*. Ce sont des insectes coléoptères, au corps allongé, de forme ovale, porté sur de longues pattes très-propres à la course. Leurs puissantes mâchoires et leur agilité les rendent redoutables aux autres insectes. Comme les bêtes féroces des classes supérieures, comme les lions, les tigres et les panthères, ils unissent le courage et l'audace aux instincts du carnage et de la destruction ; ils ne vivent que de leur chasse, font leur proie des petits animaux vivants, et ne s'attaquent presque jamais aux cadavres, qu'ils laissent à d'autres insectes.

On les voit courir rapidement dans les chemins, en quête d'une proie, sur laquelle ils s'élancent dès qu'ils l'ont aperçue. Il n'est même pas rare de les voir s'attaquer à des espèces beaucoup plus grosses qu'eux, mais dont leurs armes redoutables les ont bientôt rendus maîtres.

Le plus grand nombre de ces animaux ne volent pas :

quelques-uns même sont privés d'ailes inférieures, et ont leurs élytres soudées ensemble. Ils se réfugient sous les pierres, les mousses et l'écorce des arbres pendant les plus fortes chaleurs du jour, et ne sortent guère que le matin et le soir, pour chercher leur proie.

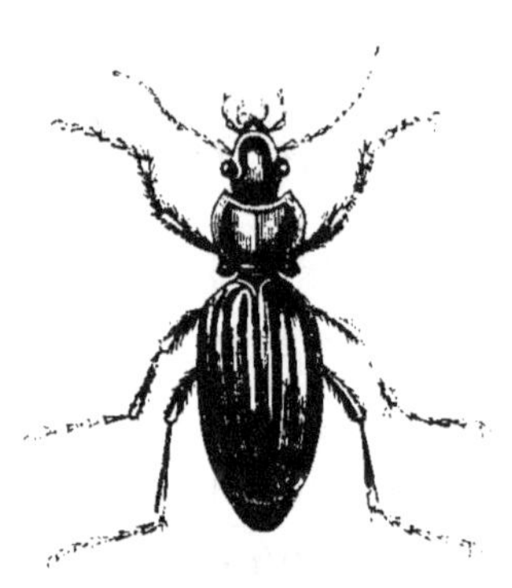

Carabe doré.

L'espèce la plus commune de cette carnassière famille est le *carabe doré*, bel insecte d'un vert brillant avec trois côtes longitudinales sur les élytres : les antennes et les pattes sont longues et effilées, de couleur rousse. Cet insecte, bien connu de tous les habitants de la campagne sous les divers noms de *couturière*, *jardinière*, *vinaigrier*, *sergent*, est très-commun partout ; et il faut bien se garder de le tuer, comme le font beaucoup d'entre vous, qui écrasent impitoyablement tous les petits animaux amis ou ennemis, car il rend de grands services en détruisant un nombre considérable d'insectes nuisibles. Il en est de même de ses congénères, le carabe bleu, le carabe vert, le carabe noir, qui tous trois ne sont que des variétés de la même espèce, le *carabus monilis*.

Ceux-ci sont un peu plus gros que le précédent, et remarquables par les ciselures de leurs élytres. Je vous les indique ici, afin que vous puissiez les reconnaître et les épargner. Cependant, si pour les mieux observer vous les saisissez vivants, prenez garde, non pas à leurs mâchoires, mais à l'extrémité opposée du corps, car ils lancent souvent, lorsqu'ils sont inquiétés, un liquide âcre et fétide qui cause de vives douleurs lorsqu'il atteint les yeux.

Une autre espèce de gros carabe, auquel les naturalistes ont donné le nom de *calosome*, mot tiré du grec, et qui

signifie beau corps, est en effet remarquable par sa beauté
et par ses mœurs. Il a près d'un pouce de longueur, et
brille des couleurs les plus vives. Son corselet est d'un
bleu violacé, d'azur sur les bords, et ses élytres offrent
l'éclat de l'or glacé de pourpre. Cet insecte, au contraire
des espèces précédentes, ne se rencontre presque jamais à
terre, il vit dans les bois, sur les arbres, où il se nourrit
de chenilles. La larve du calosome est d'une forme allongée,
d'un noir brun, revêtue d'anneaux écailleux aplatis. Comme

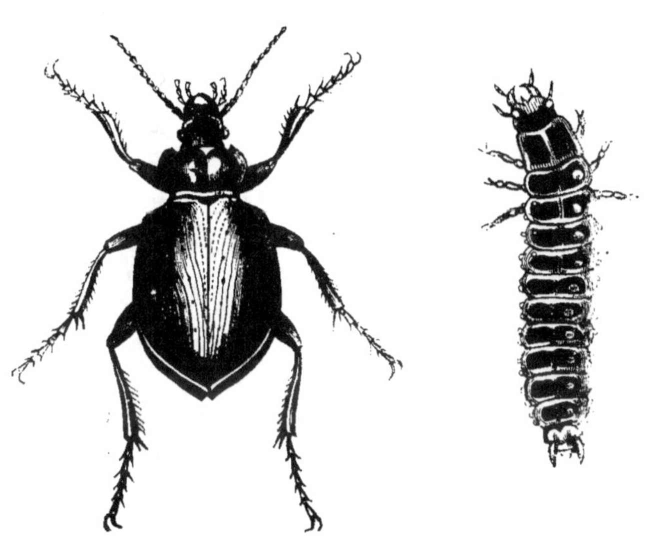

Calosome sycophante et sa larve.

l'insecte parfait, cette larve se nourrit de chenilles. Pour se
procurer une proie abondante et facile, le ver fallacieux
établit son domicile au milieu même du nid des chenilles
processionnaires, qui habitent en grand nombre sur les
chênes et les peupliers. Il s'y introduit tout doucement,
de façon à ne pas effaroucher ses victimes ; puis, prenant
son temps, il en fait un horrible carnage. Cette conduite
cauteleuse a valu à l'insecte le surnom de *sycophante*, qui
veut dire fourbe. Mais, quelque barbare et déloyale qu'elle

paraisse, nous l'approuvons, ou tout au moins nous en profitons, car elle nous rend service, les chenilles processionnaires qu'il égorge étant fort nuisibles aux arbres et aux moissons.

Les *cicindèles* figurent aussi parmi les insectes carnas-

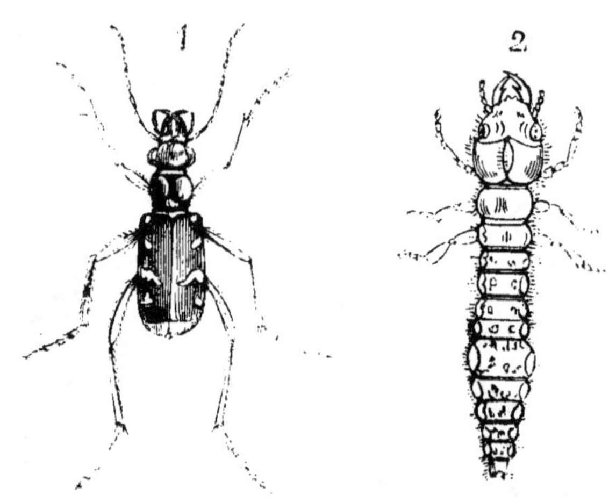

1. Cicindèle. — 2. Sa larve.

siers les plus voraces et les mieux armés; ce sont de fort jolis insectes, de formes élégantes et de couleurs vives, qui volent par saccades au plein soleil, et surtout dans les lieux sablonneux, à la poursuite des moucherons et autres petits insectes dont ils font leur nourriture.

La *cicindèle champêtre* (1) que vous voyez ici, ainsi que sa larve (2), est d'un beau vert-pré, avec les côtés de la tête et du corselet et le dessous du corps d'un rouge cuivreux; les taches et les dessins des élytres sont jaunes, ainsi que les mandibules; celles-ci sont arquées et pointues comme le fer d'une faux.

La larve de la cicindèle a des mœurs fort singulières. C'est un gros ver à corps blanchâtre, composé d'anneaux et muni de six pattes fort courtes, à tête très-large armée de puissantes mâchoires; mais cette larve est loin de posséder l'agilité de l'insecte parfait, aussi supplée-t-elle à la légéreté qui lui manque par la ruse : elle se creuse en terre un trou cylindrique profond où elle établit sa demeure, et dans lequel elle monte et descend en contractant les anneaux de son corps, à la manière des ramoneurs dans lescheminées. Avec sa grosse tête, elle bouche exactement l'entrée de son trou, puis attend patiemment que le hasard lui amène quelque proie. Quand un insecte imprudent vient pour son malheur à passer sur ce pont trompeur, un mouvement de bascule le fait soudain rouler au fond du trou, où la larve traîtresse le déchire à son aise.

Je ne puis vous décrire ici chaque espèce de cette nombreuse famille des carabiens, ou carnassiers, qui tous vivent de proie et font une énorme destruction de larves et de petits insectes déprédateurs ; mais vous le reconnaîtrez facilement à leur forme ovalaire, à leurs membres déliés, à leur course rapide sur le sol. En voici d'ailleurs deux ou trois des plus répandus, de ceux par conséquent qu'il est plus important de ménager : ce sont le harpale bronzé, la féronie cuivreuse et l'amare commune.

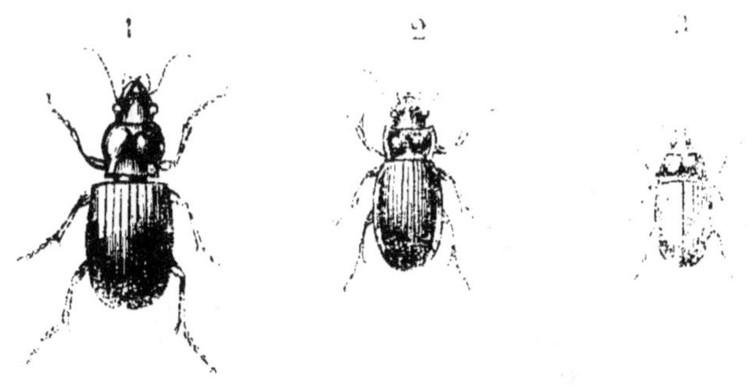

1. Féronie cuivreuse. — 2. Harpale bronzé. — 3. Amare commune.

Voici d'autres insectes qui, bien que n'appartenant pas à la famille des carabiens, ou vrais carnassiers, font une chasse active aux insectes nuisibles ; on les rencontre partout où le gibier est abondant, c'est-à-dire dans les prairies, les lieux frais et humides qui sont peuplés d'une foule de petits herbivores qui fuient les ardeurs du soleil.

Les *staphylins*, c'est ainsi qu'on les nomme, sont faciles à reconnaître au premier abord à leur corps allongé et à leurs élytres très-raccourcies. Leur tête est généralement grosse, leur corselet bien développé, leurs pattes robustes ; et, mieux partagés que la plupart des carabes, ils volent avec aisance et courent de même. Ces insectes de proie sont courageux, intrépides, ils ne reculent pas devant le danger, et lorsqu'on veut les saisir, ils s'arrêtent aussitôt et prennent une attitude menaçante ; ils ouvrent leurs larges mandibules acérées et relèvent, comme les scorpions, leur queue au-dessus de leur dos.

A leur démarche fière et décidée, on comprend qu'ils doivent posséder des armes redoutables ; et, en effet, leurs mâchoires larges et pointues sont bien faites pour inspirer la terreur aux autres insectes ; de plus, à l'extrémité de leur abdomen, ou de ce que l'on appelle leur queue, sont deux petites vésicules blanches qui répandent une odeur forte et caustique, dont l'action peut être dangereuse pour les petits animaux.

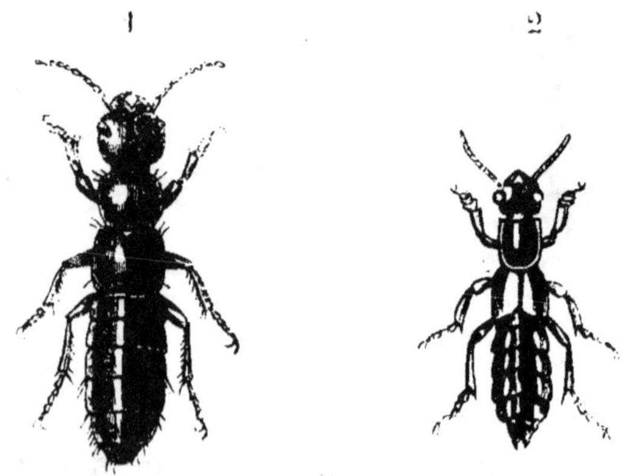

1. Staphylin odorant. — 2. Staphylin à ailes rouges.

Le plus grand et le plus répandu des staphylins dans nos campagnes est le *staphylin odorant* (fig. 1) ; tout son corps est d'un noir mat.

Une autre espèce, plus petite, est le *staphylin à ailes rouges* (fig. 2), remarquable par la belle couleur écarlate de ses élytres.

Tous les staphylins ont d'ailleurs le même aspect et les mêmes habitudes ; on les reconnaîtra donc facilement, et on les traitera en amis.

Qui de vous ne connaît ces jolis petits insectes, assez semblables à la moitié d'une boule par la convexité de leur dos et par l'aplatissement du dessous du corps, et dont les élytres portent sur un fond rouge jaune ou noir, des points ou des dessins de couleur tranchante ? Tous les enfants les connaissent bien, et leur donnent les noms de *bêtes du bon Dieu* ou de *catherinettes* ; leur vrai nom est *coccinelle*.

Les coccinelles sont des insectes pacifiques et inoffensifs, brillants et coquets, qui non-seulement ne font aucun tort à l'agriculture, mais lui rendent même des services à l'état de larve. Celle-ci a le corps large, aplati, de couleur jaune pointillée de noir : ne l'écrasez pas quand vous la trouverez sur vos plantes, car elle ne touche ni aux feuilles, ni aux fleurs, ni aux fruits ; elle ne les parcourt que pour chercher et dévorer les pucerons, dont elle fait exclusivement sa nourriture. Or vous connaissez les dégâts que causent les pucerons dans nos champs et nos jardins, et vous savez avec quelle rapidité effrayante ils se multiplient ; nous devons donc toute notre reconnaissance et notre protection à ceux qui nous débarrassent de ces petits ennemis.

Un autre insecte, l'*hémérobe*, ou plutôt sa larve, dévore également les pucerons. C'est un joli petit insecte d'un vert tendre, qui a quatre ailes tellement fines et transparentes qu'elles semblent faites de la plus belle gaze; ses yeux paraissent d'or. Ce petit insecte si délicat ne vit que quelques heures, et c'est de là que lui vient le nom d'*hémé-robe* qui signifie en grec je vis un jour. Il ne paraît au monde en effet, à l'état d'insecte parfait, que pour se repro- duire, et il meurt dès qu'il a pondu ses œufs. Ceux-ci sont fort singuliers ; ils sont globuleux et supportés au bout d'une longue tige, fine comme un cheveu, ce qui leur donne l'apparence de certains petits champignons microscopi- ques. La femelle les pond au nombre de dix ou douze, rangés les uns à côté des autres sur les feuilles des arbres. De ces œufs sortent des larves au corps large et aplati, qui vont aussitôt se placer au milieu de la première colonie de pucerons qu'elles rencontrent ; là, comme le loup au milieu d'une bergerie, elles égorgent tous ceux qu'elles peuvent atteindre, les suçant les uns après les autres, et en font un carnage d'autant plus grand et plus prompt que les pucerons restent immobiles à leur place, et ne font pas un mouvement pour éviter le sort qui les menace.

Voyez cet insecte de forme très-allongée, dont le corselet arrondi porte quatre ailes membraneuses et transparentes ; sa tête est munie d'une paire de gros yeux ronds et sur- montée de deux cornes ou antennes déliées. L'abdo- men long et mince est attaché au corselet par un étroit pédicule, et porte à son extrémité trois longs filets en forme d'épée, dont vous connaîtrez bientôt l'usage.

Cet insecte est un *ichneumon*, et nous rend des services signalés en détruisant un très-grand nombre de che- nilles.

Jamais l'on ne rencontre l'ichneumon oisif, toujours il est en mouvement, voltigeant de côté et d'autre comme s'il cherchait quelque chose. Tout à coup on le voit prendre son vol et fondre avec impétuosité sur une chenille : il se cramponne sur son dos, et, malgré sa résistance et ses contorsions, il la perce de vingt coups de dard. La malheureuse chenille se roule sur le sol comme épuisée et mourante, et l'ichneumon, laissant là sa victime, reprend son vol pour en chercher quelque autre.

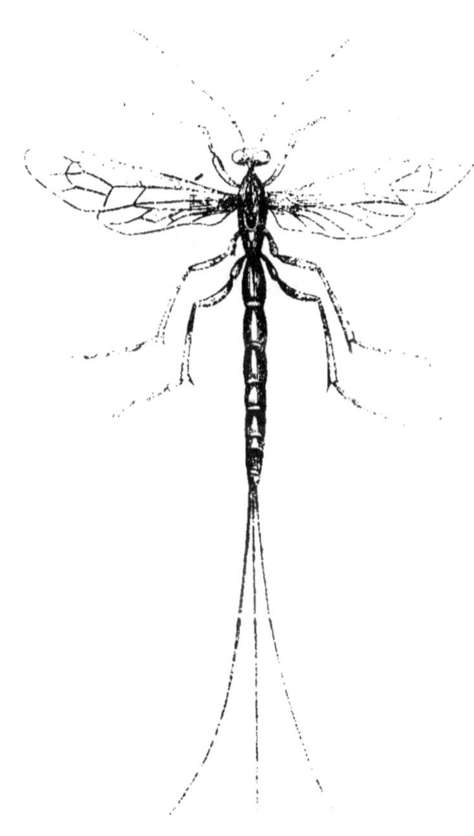

Mais pourquoi cette cruauté inutile, direz-vous ? si l'ichneumon ne dévore pas la chenille, pourquoi l'a-t-il ainsi assassinée ? — Non, en effet, l'ichneumon ne dévore pas les chenilles ; il n'est pas carnassier, et se nourrit exclusivement du suc des fleurs. Mais voici l'explication de sa conduite : sa larve est carnassière, et s'il déposait ses œufs dans le calice des fleurs ou sur les feuilles, ses petits, lorsqu'ils naîtraient, ne trouvant pas à leur portée des aliments appropriés à leurs organes, mourraient de faim, et cela d'autant plus infailliblement qu'ils ne peuvent aller chercher au loin leur nourriture, étant privés de pieds. Il dépose donc ses œufs dans le corps de la chenille, et celle-ci est destinée à servir de pâture aux petites larves qui en sortiront. Les trois longs filets que l'ichneumon porte à l'extrémité de son abdomen ne sont, en effet, qu'un oviducte, espèce de longue tarière creuse, dont l'insecte plonge l'extrémité acérée dans la peau de la chenille, et par laquelle il fait descendre l'œuf dans la plaie; les deux filets latéraux ne sont que des étuis protecteurs destinés à renforcer la tarière.

La chenille ne meurt point de ses blessures, qui n'ont intéressé que la peau ; les plaies se referment rapidement, elle reprend ses anciennes habitudes, et mange avec son appétit ordinaire, sans plus se douter qu'elle porte en elle des germes de mort.

En effet, les petites larves éclosent bientôt, et se mettent en devoir de dévorer la chenille ; mais, par un instinct merveilleux, elles ne s'attaquent qu'aux parties accessoires, telles que la graisse, et ne touchent point aux organes essentiels à la vie. La chenille remplace donc en partie par sa nourriture ce que ses ennemis lui font perdre, et parfois même elle a le temps de se changer en chrysalide ; mais, le plus souvent, les larves de l'ichneumon ont acquis tout leur développement avant cette époque : elles percent alors la peau de l'infortunée chenille, et sortent pour se filer une petite coque et subir elles-mêmes leur métamorphose. La chenille qui les a nourries ne survit pas à ces dernières blessures, et meurt presque aussitôt.

On connaît plusieurs espèces d'ichneumons, qui toutes offrent les mêmes mœurs. Ces insectes, très-répandus dans nos campagnes, rendent à l'agriculture des services immenses, en détruisant des quantités considérables de chenilles et de larves nuisibles, et c'est principalement à leur influence que le cultivateur doit souvent de voir cesser les ravages de certaines espèces dévastatrices.

Cet autre insecte, au corselet allongé et velu, muni de quatre ailes membraneuses et transparentes comme celles de l'ichneumon, à l'abdomen séparé du corps par un pédicule long et grêle, est le *sphex*.

Aux premières douces chaleurs du printemps, il voltige parmi les fleurs, se plonge dans leur corolle embaumée pour y sucer le nectar et le pollen, et montre les mœurs les plus douces et les plus inoffensives. Mais bientôt il est

Sphex.

appelé par ses instincts à reproduire son espèce ; ses allures changent aussitôt : il paraît inquiet et agité, ses ailes, ses antennes sont constamment animées d'un tremblement convulsif, et il se met à la recherche d'un lieu propre à bâtir son nid. C'est toujours dans des lieux sablonneux et exposés aux rayons du soleil que le sphex creuse une cavité pour y loger sa progéniture. Il travaille avec une ardeur singulière, fait voler autour de lui la poussière, et arrache avec effort les grains de sable les plus volumineux. Enfin, lorsque la galerie est terminée, convenablement élargie et polie au dedans, il y dépose un œuf, et s'occupe aussitôt de pourvoir à la nourriture de la petite larve qui doit en sortir au bout de quelques jours. Mais le sphex ne fait pas de miel comme les abeilles, et d'ailleurs sa larve, comme celle de l'ichneumon, ne se nourrit que de proie, et de proie vivante. L'instinct merveilleux que le Créateur a mis dans chacune de ses créatures avertit l'insecte que, bien qu'il se nourrisse lui-même du nectar et du pollen des fleurs, cette nourriture ne saurait convenir à son petit. Il sait ce qu'il lui faut, et se met aussitôt en campagne pour le lui procurer. Malheur alors aux larves mollettes et aux chenilles dodues qu'il rencontre ; il s'élance dessus, les perce de son aiguillon, et verse dans la plaie une gouttelette d'un liquide vénéneux qui paralyse les mouvements de sa victime sans lui ôter la vie. Il empile ainsi au fond du nid les chenilles, comme une provision de chair fraîche, puis il en bouche l'entrée avec soin. La larve ne tarde pas à briser sa coquille ; elle se jette avidement sur les provisions placées à sa portée par la prévoyance de sa mère, et se développe rapidement, jusqu'au moment où elle se change en nymphe. Et ce qu'il y a de plus merveilleux, c'est que la provision a été calculée de manière à fournir à la larve juste la quantité d'aliments nécessaires pour atteindre ce terme. Rien ne manque, rien n'est superflu, tant l'instinct départi à ces petits êtres est un guide infaillible.

Une petite guêpe noire ceinturée de jaune a les mêmes mœurs que les sphex, et rend par conséquent des services analogues à l'agriculture : c'est l'*odynère*, ou guêpe solitaire, qui approvisionne son nid avec les chenilles de la pyrale et les larves des charançons, deux des insectes les plus nuisibles à nos cultures.

Il est encore deux animaux auxquels l'homme fait une guerre injuste et inintelligente : l'un est la *scolopendre*, ou bête à mille pattes, l'autre est l'*araignée*. Ces petits êtres, qui sont un objet de dégoût et souvent même de frayeur pour le plus grand nombre, non-seulement ne nous font aucun mal, mais nous rendent même des services réels en détruisant une grande quantité d'insectes nuisibles.

La scolopendre est un petit animal articulé dont le corps est composé d'un grand nombre d'anneaux, et dont chaque anneau porte deux paires de pattes. Un fait remarquable, puisqu'il ne se rencontre pas chez les autres animaux, c'est que le nombre des anneaux et celui des pieds augmente avec l'âge. L'espèce que vous voyez ici (fig. 2.) est la *scolopendre fourchue*, assez commune dans nos campagnes, où elle se tient pendant le jour sous les pierres, sous les écorces, principalement dans les lieux humides et ombragés. Elle sort de sa retraite le soir pour chasser les petits insectes dont elle fait sa nourriture, et sa morsure est venimeuse pour ces petits êtres, mais nullement à craindre pour l'homme, au moins dans nos climats ; car il existe dans les pays chauds, au Brésil et dans l'Inde, des scolopendres qui atteignent une taille considérable, et dont la morsure passe pour être dangereuse.

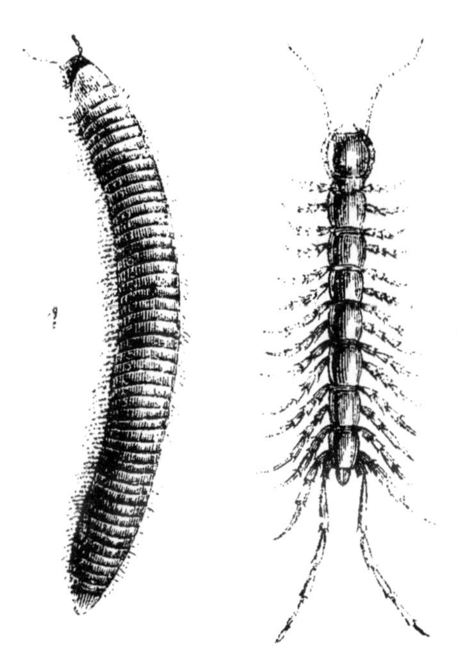

1. Iule. — 2. Scolopendre fourchue.

Un autre genre de mille-pattes (fig. 1.) attaque nos fruits, et par conséquent nous est nuisible ; mais il est bien facile à distinguer de la scolopendre, comme vous pouvez le voir, non-seulement par la forme cylindrique de son corps, mais par le nombre considérable de ses anneaux et de ses pieds, qui dépasse parfois deux cents.

L'*araignée* est à coup sûr l'animal sur lequel on a débité le plus de contes absurdes. — Qui n'a entendu parler de ces terribles araignées qui suçaient le sang des hommes pendant leur sommeil au point de les faire périr, ou dont la morsure envenimée causait la mort? Mais ce sont là des contes faits à plaisir; si l'araignée a un venin, il n'agit que sur les mouches et autres faibles insectes, et n'a nulle action sur les hommes. J'ai été mordu plusieurs fois en Italie par des tarentules dont je voulais m'emparer, et, malgré leur terrible réputation, je n'en ai jamais ressenti aucun mal.

Les araignées sont laides : elles ont des habitudes sanguinaires, mais elles ne sont nullement nuisibles à l'homme et surtout au cultivateur, car elles rendent à ce dernier d'importants services par la destruction qu'elles font d'un grand nombre d'insectes nuisibles.

Les araignées sont très-nombreuses en espèces, et varient à l'infini pour la taille, les formes, les couleurs, l'industrie; mais toutes ont le même régime, toutes vivent de proie vivante.

Les unes tissent une toile déliée dans laquelle viennent se prendre les petits insectes volants; d'autres, agiles coureuses, forcent leur gibier; d'autres encore suppléent par la ruse à la légèreté qui leur manque : elles se mettent en embuscade, et s'élancent d'un bond sur la proie qui passe à leur portée. Une grosse araignée brune se tapit dans quelque crevasse d'arbre à portée d'un nid de chenilles sociales, et, à mesure qu'il en sort une, l'araignée la saisit, la suce avidement, puis la rejette pour en guetter une autre. Quoique armés de fortes mâchoires, ces animaux ne dévorent pas leur proie, ils se contentent de sucer le sang et les humeurs de leurs victimes ; aussi sont-ils insatiables de proie vivante et détruisent-ils un nombre considérable d'insectes. La voracité des araignées est telle qu'elles ne s'épargnent même pas entre elles et s'égorgent lorsqu'elles en trouvent l'occasion.

———

LES ANIMAUX NUISIBLES.

ANIMAUX CARNASSIERS.

Ce serait assurément faire preuve d'un orgueil exorbitant que de rapporter à l'homme seul, comme cause finale, toutes les merveilles de la création ; et il y aurait une singulière présomption à prétendre que tout en ce monde ait été fait uniquement pour notre usage.

Car, s'il est vrai que tous les jours l'étude de la nature nous fait trouver quelque utilité nouvelle à des objets qui jusque-là nous paraissaient en être absolument dépourvus, il est vrai aussi qu'il existe une foule de choses qui par leur nature sont telles que nous ne pouvons admettre qu'elles aient été créées pour le bien de l'espèce humaine.

La disposition des éléments du sol concourt au bien-être de l'homme en rendant la terre un séjour à la fois beau et fertile ; les métaux qu'elle renferme dans son sein sont pour lui des trésors inestimables et les éléments essentiels de toute industrie et de toute civilisation. Un grand nombre de plantes nous donnent des aliments et des produits utiles soit à notre industrie soit à notre santé. Quant aux animaux, nous avons vu qu'il y a dans les classes supérieures un certain nombre d'espèces qui nous fournissent des éléments indispensables d'alimentation et d'habillement, d'autres dont l'homme civilisé ne pourrait se passer dans ses divers travaux, et nous avons remarqué en outre que ces utiles espèces ont été douées de facultés et d'instincts qui les rendent éminemment propres à la domesticité. Ce sont là des bienfaits de la Providence, et nous devons le reconnaître avec un profond sentiment de gratitude.

Mais ces espèces utiles à l'homme sont dans une proportion excessivement faible par rapport à la totalité ; et quant aux classes inférieures, parmi la multitude sans nombre d'animaux qu'elles contiennent, il n'y en a que très-peu qui payent tribut de quelque manière aux besoins ou aux jouissances de l'espèce humaine , tous les autres nous sont indifférents et souvent même nuisibles.

L'homme n'est donc pas le seul but de la création ; chaque être sorti des mains de Dieu est appelé à prendre sa part des bienfaits qu'il lui a plu de répartir sur tout ce qui vit ; chacun est destiné à contribuer par lui-même au système d'équilibre général en vertu duquel tous les groupes d'êtres vivants travaillent mutuellement au bien-être et aux jouissances de l'ensemble.

L'univers, avons-nous dit, est régi par certaines lois dont l'infraction pourrait entraîner de graves désordres, et la nature, pour assurer le maintien de ces lois, a donné à chaque être des instincts particuliers.

Les espèces se balancent par leurs instincts opposés ; celles qui nous paraissent destructives sont préservatrices d'autres espèces. L'araignée, qui dévore tant de petits insectes, est une gardienne naturelle des plantes et des fruits. — Le loup, qui mange les moutons, n'est pas plus cruel que le mouton qui broute une foule de plantes toutes vives. C'est son instinct et ses besoins qui l'y poussent.

Si les espèces herbivores n'arrêtaient pas, en s'en nourrissant, le développement des végétaux, ceux-ci couvriraient bientôt la terre et s'étoufferaient réciproquement ; et si, d'un autre côté, les herbivores, qui n'ont qu'à baisser la tête pour recueillir leur nourriture, et qui multiplient beaucoup, n'avaient pour contre-poids de leur fécondité les animaux carnassiers, ils auraient bientôt dévoré toutes les plantes, dépouillé complétement la terre, et réduit leur propre espèce à mourir de faim.

Tous les êtres sont donc utiles au maintien des lois de la nature ; mais un grand nombre d'entre eux sont dangereux et nuisibles à l'homme, qui, dans l'intérêt de son bien-être, agit souvent à l'encontre de ces lois.

Mais je me suis suffisamment expliqué là-dessus dans nos premières veillées, et je vais maintenant vous parler des espèces les plus nuisibles à l'homme et des moyens les plus efficaces pour combattre leurs déprédations.

Il n'existe aujourd'hui en France que deux animaux féroces dangereux pour l'homme : l'ours et le loup.

L'*ours*, autrefois assez commun dans les grandes forêts de la France, a été chassé et refoulé jusque sur les sommets les plus inaccessibles des Alpes et des Pyrénées, où de hardis chasseurs vont encore le relancer, et bientôt sans doute son espèce aura disparu complétement de notre pays.

Quant au *loup*, le même sort lui est réservé ; traqué de tous côtés, sa tête mise à prix, il n'échappera pas longtemps à une destruction absolue. Ce résultat a été atteint en Angleterre, où cet animal était commun autrefois.

Le loup est d'une constitution très-vigoureuse ; sa force est supérieure à celle de nos chiens de plus forte race. Il peut faire quarante lieues en une seule nuit, et rester plusieurs jours sans manger.

Lorsque le loup n'est pas tourmenté par la faim, il se retire dans les bois, où il passe tout le jour à dormir, et il n'en sort que la nuit, pour aller rôder dans la campagne. Malgré l'obscurité, il marche avec circonspection, se guidant surtout par l'odorat, et, dès que l'aube commence à rougir l'horizon, il regagne sa retraite.

Loup.

Mais, s'il est pressé par la faim, le loup oublie sa défiance naturelle, il devient audacieux et sort de sa retraite même en plein jour. Averti par la délicatesse de son flair, il s'approche avec précaution de quelque troupeau, puis tout à coup s'élance sans hésiter au milieu des chiens et des bergers, saisit un mouton, l'enlève et l'emporte avec une telle rapidité qu'il ne peut être atteint par les chiens. Parfois il vient à bout, dans l'espace d'une nuit, de creuser un trou sous la porte d'une bergerie et de s'y introduire. Dans ce cas, il commence par étrangler tous les moutons les uns après les autres, puis il en emporte un et le mange ; il revient ensuite en chercher un second, qu'il cache dans un hallier voisin, en le recouvrant de feuilles sèches ; puis un troisième, un quatrième, et ainsi de suite, jusqu'à ce que le jour le force à la retraite. Mais ce qu'il y a de singulier, c'est que, soit oubli soit défiance, le loup ne va jamais reprendre les corps qu'il a cachés.

Dans le Nord, lorsque les neiges abondantes couvrent la terre, les loups, ne trouvant plus de nourriture dans les bois, se réunissent par troupes et viennent faire des excursions jusqu'à l'entrée des villages. Leur rencontre est alors dangereuse, car on les a vus se jeter sur les enfants, sur les femmes, et même sur les hommes.

La louve met bas au printemps ; elle prépare dans quelque fourré impénétrable un lit de mousse et de feuilles pour ses petits, dont le nombre ordinaire est de cinq à huit, et elle en prend le plus grand soin. Elle les allaite pendant deux mois, et, au bout de ce temps, les mène en course et leur apprend à chasser.

Dans les provinces où existent encore des loups, les riches propriétaires s'assemblent dès que la présence d'un de ces animaux est signalée. Tous les chassseurs du pays sont convoqués et postés sur la lisière du bois ; puis le lieutenant de la louveterie, ou celui à qui est confiée la direction de la chasse, pénètre dans le bois avec ses chiens et ses piqueurs, en cherchant à faire débusquer l'animal sur la ligne des tireurs qui l'attendent au passage. On emploie également pour détruire les loups le poison et les piéges. C'est au moyen de la strychnine, principe actif de la noix vomique, que l'on empoisonne ces animaux, l'arsénic, ce poison si terrible pour l'homme, n'agissant sur eux que comme un puissant vomitif.

Lorsqu'on a reconnu la présence d'un ou de plusieurs loups dans un canton, et que l'on veut s'en debarrasser au moyen du poison, on prend le cadavre d'un animal nouvellement mort, soit chèvre, soit mouton, on lui fait par tout le corps des entailles profondes, puis, écartant les lèvres de chaque plaie, on y introduit une pincée de strychnine. On nettoie bien le corps avec de l'eau dans laquelle on a fait infuser pendant vingt-quatre heures de la menthe poivrée, afin d'enlever toute trace d'odeur étrangère. L'appât doit nécessairement être déposé loin de toute habitation et de tout sentier fréquenté, sur la lisière du bois où se retire le loup, ou sur les bords du plus proche ruisseau. Il est également essentiel d'empêcher le loup de reconnaître aux environs les émanations de l'homme ; pour cela, celui qui dépose l'appât doit chausser une paire de sabots neufs préalablement frottés de camphre. Ces précautions sont d'ailleurs nécessaires pour tous les piéges : car, si l'animal reconnaît la présence de l'homme, il n'approchera ni piége ni appât.

Le piége à loup, ou *traquenard*, est un instrument assez compliqué, composé de deux branches armées de dents aiguës, d'un fort ressort en acier qui fait rapprocher les branches, et d'un porte-amorce qui fait jouer le ressort. On tend le piége, et l'on creuse un peu la terre pour l'y cacher, mais de façon toutefois qu'il puisse jouer librement, puis on le recouvre de poussière de foin, et l'on y place l'appât, qui, tout naturellement, doit seul paraître à la surface. Cet appât est habituellement un morceau de viande crue très-légèrement saupoudrée de quelques grains de camphre. Le camphre est pour les loups, les renards et quelques autres animaux une odeur très agréable, et qui les attire de fort loin.

Le loup s'approche de l'appât avec défiance ; il tourne et retourne plusieurs fois autour, mais presque toujours il finit par s'en saisir. Il fait alors partir la détente : le ressort joue, les branches se ferment violemment, et l'animal, pris par le cou, est presque aussitôt étranglé.

Le *fusil d'affût* est encore un piége dont le succès est certain s'il est placé dans un lieu favorable. C'est un fusil de fort calibre, chargé de six à huit grosses chevrotines, solidement fixé sur quatre pieux en forme de chevalet, et caché autant que possible derrière une haie, un buisson, etc. On le pointe de manière à ce qu'il porte à quinze pas, et à un pied au-dessus du sol, et à cette distance, comme point de mire du fusil, on place une charogne en guise d'appât. On attache le bout d'une ficelle à un os de la poitrine du cadavre, et l'autre bout à la gachette du fusil, en la faisant passer par un anneau, afin qu'elle revienne sur elle-même et tire la détente en arrière lorsque le loup, en attaquant la charogne, tirera à lui la ficelle.

Je vous ai déjà parlé du *renard* et de ses ruses, du tort qu'il nous fait et des services qu'il nous rend, et j'ai conclu en faveur des jeunes renards et contre les vieux (*).

Comme le loup, le renard passe le jour à dormir dans quelque fourré, car, bien qu'il sache se creuser un terrier, il ne l'habite guère qu'à l'époque où il élève sa jeune famille ou pour se dérober à un danger pressant. Vers la tombée de la nuit, il quitte sa retraite et se met en quête ; il bat les buissons et les haies pour tâcher de surprendre des oiseaux endormis, ou se met en embuscade pour saisir au passage le lièvre ou le lapin.

Le chant du coq vient-il à frapper son oreille, aussitôt il s'arrète, il écoute, il s'oriente, et s'achemine avec précaution vers le hameau d'où sont partis ces sons alléchants.

Il visite les lieux, examine le terrain, semble calculer les chances et les difficultés de l'entreprise ; s'il parvient alors à s'introduire dans la place, il commence par égorger toutes les volailles, non par cruauté, comme on l'a dit,

____

(*) Voyez les *Animaux utiles*, page 117.

mais par prudence et par prévoyance. Il emporte alors une à une chaque pièce, et va les cacher en différents lieux jusqu'à ce que l'approche du jour l'avertisse de se retirer.

Le renard passe pour le plus rusé des animaux, et il mérite bien sa renommée ; il n'est pas de tour qu'il n'invente, et il trompe souvent l'homme et les chiens en contrefaisant le mort. J'en ai vu un qui, forcé par une meute de chiens, se laissa tout à coup tomber sur le flanc sans mouvement. Les chiens eurent beau le fouler, le houspiller, le retourner de tous côtés, il ne bougea pas ; mais lorsque la meute, fatiguée de ce jeu, s'éloigna, il se remit tout d'un coup sur ses pieds et décampa si lestement qu'il était disparu avant qu'on eût songé à le poursuivre. On emploie pour le renard les mêmes piéges que pour le loup ; mais il faut observer avec plus de soin encore les précautions qui ont été indiquées, car ce rusé animal ne donne que très-difficilement dans les piéges qu'on lui tend.

Lorsqu'un renard est terré, il est facile de s'en emparer ; on fait garder l'entrée par un chien qui l'inquiète pendant qu'on découvre son trou en dessus avec des pioches ; si le terrier est dans les roches, on le fume.

De toutes les espèces du genre marte, la *fouine* et le *putois* sont les plus nuisibles ; quant à la marte proprement dite, je vous ai montré que, rangée avec raison par les chasseurs parmi les animaux nuisibles, il ne devait pas en être de même pour les cultivateurs, auxquels cet animal rend plus de services qu'il ne porte de préjudice (*). J'ai réclamé aussi votre tolérance pour la belette, qui, par l'énorme destruction qu'elle fait de rats, de loirs et de mulots, nous rend des services beaucoup plus grands que les dommages qu'elles nous cause. Mais comme chacun en ce

______

(*) Voyez les *Animaux utiles*, page 108.

monde ne voit que son intérêt privé, la fermière, dont elle détruit les jeunes couvées, lui fera la guerre, tandis que le cultivateur dont elle préserve les champs la protégera.

La fouine se distingue de la marte par le dessous du cou et la gorge qui sont blancs et non pas jaunes, et surtout par ses habitudes ; car tandis que celle-ci n'habite que les bois et n'approche jamais des habitations de l'homme, la fouine, au contraire, s'écarte rarement des fermes, où elle habite les greniers, les trous des murailles, ou même les tas de fagots ; c'est surtout dans ce dernier lieu qu'elle ait et cache ses petits.

Fouine.

Pendant le jour la fouine dort dans sa retraite, mais, comme tous les malfaiteurs, dès que la nuit vient, elle se réveille et se met en quête.

Un fait digne de remarque, c'est que jamais la fouine ne fait de dégâts dans la maison où elle a établi sa demeure ; est-ce un acte d'intelligence de sa part ? Je ne sais ; quoi qu'il en soit, elle gagne la ferme la plus voisine, s'embusque sur un toit ou sur un mur, et de là cherche à découvrir les moyens de pénétrer dans la basse-cour. Elle visite en silence les clapiers, les poulaillers, les colombiers, et si elle rencontre une porte ouverte, si elle trouve un trou par lequel sa tête puisse passer, son corps délié et flexible y pénètre, et en un clin d'œil elle en étrangle tous les habitants; mais elle se contente de leur sucer le sang et de leur manger la cervelle, et elle laisse là leur cadavre sanglant sans y toucher autrement.

La fouine est un animal rusé qui ne se laisse pas facilement surprendre aux piéges; aussi, l'un des meilleurs moyens pour s'en défaire est-il encore l'affût. En été, lorsque le temps est lourd et couvert, on voit ces animaux se poursuivre en criant sur le toit des granges, où on les tue aisément à l'aide d'un bon fusil chargé de plomb à lièvre.

Si l'on a découvert l'endroit où ils ont déposé leurs petits, on peut les attendre à l'affût le soir et le matin, et l'on est sûr d'y voir arriver le père ou la mère. Mais aussitôt que l'on a tué ou tiré l'un des deux, il faut s'emparer des petits, autrement le survivant les enlèverait pour les transporter dans un autre lieu.

L'un des meilleurs piéges à employer contre la fouine est la **ratière à deux battants**, que l'on amorce avec un morceau de **volaille** ou une **poire** cuite. On peut tendre ce piége avec confiance partout où l'on rencontrera habituellement les excréments de ces animaux, et on les reconnaît facilement à la forte odeur de musc qu'ils exhalent.

Le **putois** ou puant est un peu plus petit que la fouine; son pelage est d'un brun noirâtre, avec le bout du museau, les oreilles et une tache derrière l'œil, blancs. Son nom lui vient de l'odeur infecte qu'il exhale, et qui devient tellement forte lorsqu'on l'irrite, qu'elle dégoûte et écarte les chiens. Ses mœurs sont d'ailleurs celles de la fouine, et les cultivateurs les confondent souvent ensemble, au moins dans leurs méfaits. Les moyens employés pour se défaire de la fouine réussissent également contre le p tois, seulement il vaut mieux pour ce dernier amorcer les piéges avec un morceau de volaille qu'avec un fruit cuit, car il préfère la chair à tout autre aliment.

Quant à la musaraigne, à la taupe, au blaireau, réputés nuisibles, je vous ai déjà dit ce que j'en pensais (*).

* Voyez les *Animaux utiles*, page 115.

VINGT ET UNIÈME VEILLÉE.

LES HERBIVORES ET LES RONGEURS.

Le gros gibier est en général fort nuisible à l'agriculture : le sanglier bouleverse les champs de pommes de terre et de maïs; le daim, le cerf et le chevreuil ravagent parfois les céréales sur pied et broutent les jeunes pousses des arbres; les lapins et les lièvres commettent de grands dégâts dans les cultures maraîchères et fourragères et s'attaquent aussi à l'écorce des arbres fruitiers lorsque la faim les presse.

Le lapin sauvage est certainement l'un des animaux les plus nuisibles, non-seulement pour les cultures, mais encore pour les bois. Non content de manger au printemps les feuilles et les jeunes pousses, il ronge pendant l'hiver, lorsque toute végétation est interrompue, l'écorce des arbres, qu'il dépouille au collet de la racine; l'ascension de la séve est ainsi arrêtée, et l'arbre finit par périr. Il dévaste les semis et les plantations, et se multiplie avec une rapidité effrayante. Comme ces animaux creusent des terriers dans lesquels ils se réfugient au moindre danger, il est presque impossible de s'en débarrasser une fois qu'ils ont pris pied quelque part. On en tue chaque année des milliers, sans que le nombre en paraisse diminué. Les renards seuls peuvent leur faire une guerre heureuse, parce qu'ils les poursuivent au milieu des rochers et jusqu'au fond de leurs terriers.

Le lièvre, quoique appartenant à la même famille, est beaucoup moins nuisible, parce qu'étant moins prolifique, il ne se multiplie pas avec la même rapidité, et que, comme il ne terre pas, il est plus facile à chasser.

Avant l'abolition des droits féodaux, la chasse était l'apanage de la souveraineté. Le roi seul chassait dans les domaines de la couronne, et les seigneurs sur leurs terres. Quant aux vilains, comme on appelait alors gracieusement les paysans, ce plaisir leur était absolument interdit. Tout acte de chasse était considéré de leur part comme une usurpation des priviléges de la noblesse, et comme tel puni des galères ou même de la mort. Il n'était même pas permis au cultivateur de défendre ses champs contre le gibier, et souvent il était obligé de les laisser incultes dans l'impossibilité où il se trouvait de sauver ses récoltes. Cet état de choses monstrueux n'existe plus, Dieu merci! et la nuit du 4 août 1789 a fait rentrer la chasse dans le droit commun. Aujourd'hui, chacun peut s'y adonner en se conformant aux prescriptions de la loi, et, moyennant un permis, simple mesure fiscale, chasser pendant une certaine partie de l'année sur ses propriétés et sur celles de l'État ou des communes qui lui ont été louées pour cet usage.

La famille des rongeurs est celle qui compte le plus d'espèces en France, ce qui est d'autant plus malheureux, que toutes sont plus ou moins nuisibles.

L'*écureuil* est surtout nuisible aux forêts : il court çà et là sur les arbres, rongeant et grignotant tout ce qu'il rencontre; il mange les fruits et les semences et coupe les jeunes rejetons. Il commet en outre d'odieux attentats contre les petits oiseaux.

Le *loir*, plus petit que l'écureuil, est comme ce dernier

un animal plein de grâce et de vivacité; mais, comme lui aussi, il se nourrit des fruits, des graines et des jeunes pousses des arbres et saccage les nids des petits oiseaux. Il n'habite d'ailleurs que les grands bois, où il est même assez rare.

Loir.

Le *lérot* se distingue de l'écureuil et du loir par sa taille encore plus petite, par sa queue beaucoup moins touffue et par la couleur de son poil d'un gris brun. Ses yeux sont entourés d'une tache noire qui s'étend en s'élargissant jusqu'à l'épaule, et le bout de sa queue est blanc.

L'écureuil et le loir habitent les forêts et semblent fuir nos habitations; le lérot, au contraire, fréquente nos jardins et se niche dans les trous des murailles. L'espèce en est aussi plus nombreuse, et souvent il infeste les jardins et les vergers. Il ne sort guère de sa retraite qu'à la nuit tombante, et on le voit alors courir sur les arbres et les espaliers qu'il dévaste, choisissant les meilleurs fruits et en entamant souvent quatre ou cinq avant de faire son choix. Il semble aimer les pêches et le raisin de préférence; mais il n'en attaque pas moins les abricots, les prunes, les poires et jusqu'aux amandes et noisettes. Le froid l'engourdit, et on en trouve parfois pendant l'hiver au nombre de huit ou dix dans le même trou, tous resserrés en boule au milieu de leurs provisions de noix et de noisettes.

On prend les loirs et les lérots au moyen des trébuchets ou des ratières amorcés avec une pêche ou un abricot bien mûrs. C'est surtout au printemps et au commencement de l'été qu'ils donnent facilement dans le piége ; au temps de la maturité des fruits, ces animaux, trouvant partout une nourriture abondante, dédaignent de toucher aux amorces. Lorsqu'on ne peut se procurer, à cause de la saison, une pêche ou un abricot mûrs, on amorce avec un morceau de poire ou de pomme de la récolte précédente, ou encore mieux avec quelques raisins de conserve, fussent-ils à moitié secs. On peut encore chasser le lérot à l'affût auprès des murs de clôture et des espaliers.

Le *rat* proprement dit ou *rat noir* n'est malheureusement que trop connu par les dégâts et l'incommodité qu'il cause ; il habite ordinairement les greniers à grains et à fourrages, et descend de là pour se répandre dans la maison. Les rats sont carnassiers, ou plutôt omnivores ; ils rongent tout, le bois, les meubles, les étoffes ; ils font des trous dans les murs, dans les boiseries, pénètrent dans les armoires et les coffres, et malgré les chats, le poison et les ratières, ils pullulent si fort, qu'on serait obligé de leur céder la place et de déserter s'ils ne se détruisaient eux-mêmes. En effet, pour peu que la disette se fasse sentir, pour peu que la faim les presse, lorsqu'ils sont en trop grand nombre, les plus forts se jettent sur les plus faibles, leur ouvrent le crâne et les dévorent, et la guerre continue ainsi parfois jusqu'à la destruction du plus grand nombre. C'est par cette raison qu'il arrive souvent qu'après avoir été infestée de ces animaux pendant un temps, une contrée semble en être tout-à-coup débarrassée.

Il en est de même des mulots, dont la pullulation prodigieuse n'est arrêtée que par les meurtres qu'ils commettent entre eux, dès que les vivres commencent à leur manquer.

Le rat noir habite la France depuis des siècles ; mais il n'en est pas de même du *rat roux*, que les naturalistes désignent sous le nom de *surmulot* ; celui-ci, plus grand et plus fort que le rat noir, paraît avoir envahi l'Europe vers 1730, venant de l'Orient. Il fait une guerre acharnée aux autres rats, mais il commet encore plus de dégâts. Le surmulot est plus méchant et presque aussi fort qu'un jeune chat ; il se défend avec fureur contre cet animal et contre la belette qui le poursuit jusque dans son trou ; mais il succombe toujours dans la lutte.

Bien qu'ils se nourrissent de fruits et de grains, les rats ne laissent pas d'être très-carnassiers ; ils tuent les lapereaux, les poulets et les jeunes pigeons, et quand ils pénètrent dans un poulailler, ils font comme la fouine, ils en égorgent beaucoup plus qu'ils ne peuvent en manger.

Le surmulot produit trois fois par an, et chaque portée est d'au moins dix à douze petits. A l'automne, les mères et leurs petits s'établissent dans les greniers et les granges, où ils font un dégât infini, hachant la paille, mangeant le grain et infectant tout de leurs ordures. Quant aux vieux mâles, ils restent à la campagne dans un terrier qu'ils creusent et remplissent de provisions.

Les chats n'attaquent le surmulot qu'avec répugnance ; aussi doit-on plutôt avoir recours aux piéges ou au poison pour s'en débarrasser.

Les piéges les plus employés sont les ratières ou traquenards, que tout le monde connaît, la trappe à bascule, l'assommoir, etc.

La trappe à bascule a sur les autres piéges l'avantage précieux de se tendre toute seule et de pouvoir par conséquent prendre plusieurs rats de suite dans une même nuit. Elle est d'ailleurs très-simple, consistant en un grand pot de terre recouvert d'un couvercle à bascule en bois léger, garni d'un plomb à l'une de ses extrémités, afin que la bascule puisse se refermer toute seule ; bien entendu, ce côté plus lourd doit porter sur une petite feuillure, afin de ne pouvoir pas s'enfoncer et ne laisser du jeu à la bascule que vers le côté au-dessus duquel se trouve l'appât. Celui-ci est suspendu au bout d'une petite potence en fil de fer à cinq ou six pouces au-dessus de la bascule, et doit être fait d'un morceau de lard grillé à la chandelle, dont les rats sont très-friands. On verse de l'eau dans le fond du pot, de manière qu'il y en ait cinq ou six pouces. On place le pot au milieu d'un tas de bois ou d'autres objets qui donnent au rat toute facilité pour monter. Dès qu'il en vient un pour s'emparer du morceau de lard, il se place nécessairement sur le côté de la bascule située sous l'appât, et celle-ci joue en cédant sous ses pieds ; le rat tombe alors dans le pot et se noie. Tous ceux qui viennent après lui éprouvent le même sort, et il n'est pas rare d'en prendre ainsi cinq ou six dans une seule nuit.

Le poison est le moyen le plus expéditif pour détruire les rats ; mais il a l'inconvénient de permettre à ces animaux d'aller mourir dans leur trou et d'infecter l'habitation lorsqu'on ne peut en retirer les corps. L'arsenic et la strychnine sont les substances les plus employées. Un poison qui m'a souvent réussi et qui offre l'avantage de tuer les rats sur place est la chaux mêlée à de la farine de froment ; mais il faut avoir soin de mettre à côté du poison une assiette remplie d'eau. Dès que l'animal a mangé la chaux mélangée avec de la farine, il sent ses intestins enflammés et va boire afin d'éteindre le feu qui le dévore ; mais l'eau qu'il boit ne fait qu'activer la fermentation de la chaux qui corrode les entrailles ; le ventre de l'animal enfle d'une manière prodigieuse, et il meurt sur la place avant même d'avoir eu le temps de gagner sa retraite.

Le *rat d'eau* est à peu près de la taille du rat noir ; mais il a la tête plus courte, le museau plus gros et la queue moins longue ; ses oreilles sont si petites, qu'elles sont presque complétement cachées par le poil.

Le rat d'eau a des mœurs toutes différentes des rats terrestres : il ne quitte pas le bord des eaux et ne pénètre jamais dans les habitations ; on le rencontre communément sur le bord des petites rivières, des ruisseaux, des étangs, dans les berges desquels il creuse des trous profonds et de longues galeries, coupant les racines qu'il rencontre et causant ainsi fréquemment la perte des arbres. Cet animal vit de petits poissons, de frai et d'insectes aquatiques ; il mange aussi les racines et l'écorce de certains végétaux. Comme il se multiplie rapidement, il devient souvent très-nuisible en détruisant les plantations de rivage.

On s'en débarrasse, comme des rats, au moyen des piéges ou du poison, ou même en tendant des filets à poisson à l'entrée de leur terrier.

Le *mulot*, ou *grand rat des champs*, est plus petit de moitié que le rat commun ; sa tête est plus grosse, ses oreilles plus grandes, sa queue plus courte, égalant à peine la longueur du corps ; son poil est d'un gris roussâtre. Cette espèce est très-répandue, surtout dans les bois, où elle commet de grands dégâts en rongeant les jeunes tiges et les écorces au pied des arbres. Mais une espèce encore plus nuisible est le *campagnol*, ou *petit rat des champs*. Il se distingue du précédent par sa taille plus petite, ne dépassant pas celle de la souris, et par sa queue très-courte et velue. Le campagnol infeste les champs et les jardins, qu'il mine dans tous les sens, et il est horriblement fécond ; il produit deux ou trois fois par an, et de huit à dix petits à chaque portée. Ce petit animal est un véritable fléau pour l'agriculture. Il remplit son terrier de grains de toute sorte ; cependant il paraît qu'il préfère le blé à toute autre nourriture. Dans le mois de juillet, lorsque les froments sont mûrs, les campagnols sortent de tous côtés et ravagent les champs en coupant les tiges de blé pour en manger l'épi ; plus tard, ils vont dans les terres nouvellement semées et détruisent d'avance la récolte de l'année suivante. En automne et en hiver, ils se retirent dans les bois, où ils vivent de noisettes, de faîne et de glands. Dans certaines années, ils paraissent en si grand nombre, qu'ils détruiraient tout s'ils n'étaient la proie ordinaire des belettes, des hiboux, des buses, des renards, etc. Ils se détruisent d'ailleurs eux-mêmes et se mangent dans les temps de disette.

Mulot.

Le campagnol et le mulot font plus de tort aux semis que tous les oiseaux et tous les autres animaux ensemble; ils suivent le sillon tracé par la charrue, déterrent chaque graine l'une après l'autre et l'emportent dans leur trou, où ils l'entassent et la laissent souvent sécher et pourrir; on en trouve parfois jusqu'à un boisseau dans un seul trou. Le meilleur moyen pour éviter ce grand dommage est de tendre des piéges de dix pas en dix pas dans toute l'étendue de la terre semée; il ne faut qu'une moitié de noix grillée pour appât sous une pierre plate soutenue par une bûchette; ces animaux viennent pour manger la noix qu'ils préfèrent au gland et au grain; comme elle est attachée à la bûchette, dès qu'ils y touchent, la pierre leur tombe sur le corps et les écrase. Comme pour le rat, on peut employer aussi la trappe à bascule.

La souris est le plus petit et le plus incommode des rongeurs qui habitent nos maisons; elle pénètre partout, grignote et gâte tout; elle attaque le linge dans les armoires, les livres dans les bibliothèques, les marchandises de tout genre dans les magasins, ses dents n'épargnent rien, et comme ses habitudes sont fort insidieuses, on ne s'aperçoit souvent de ses dévastations que lorsqu'il n'est plus temps d'y porter remède.

Le meilleur moyen pour se débarrasser des souris est d'avoir un ou deux bons chats; mais on peut employer contre elles, comme contre les rats, les piéges et les poisons que je vous ai déjà indiqués.

VINGT-DEUXIÈME VEILLÉE

LES OISEAUX NUISIBLES

Je ne reviendrai pas sur ce que j'ai dit des oiseaux en général, m'étant déjà fort étendu sur ce sujet, sinon pour vous faire remarquer que parmi les nombreuses espèces de cette classe, il en est fort peu de réellement nuisibles, et que ces dernières mêmes ne laissent pas que de nous rendre quelques services.

Parmi les oiseaux de proie, les aigles et les vautours sont tellement rares en France, qu'on ne peut s'apercevoir des dégâts qu'ils commettent. Il en est de même des faucons proprement dits, qui ne sont que de passage dans nos climats, et pendant le peu de temps qu'ils y séjournent, de fin août à fin novembre, ils attaquent plutôt le menu gibier que les oiseaux insectivores ; encore détruisent-ils une grande quantité de petits rongeurs.

La *cresserelle*, qui est le plus commun de nos oiseaux de proie, est aussi celui qui détruit le plus de pigeons, d'alouettes et de petits oiseaux. La cresserelle est une espèce de petit faucon de la grosseur d'un biset ; son vol est aisé et rapide, son audace sans pareille. Elle quitte soir et matin les vieux édifices, les clochers ou les trous d'arbre qu'elle habite, pour fondre comme une flèche sur tous les oiseaux qu'elle rencontre et qu'elle saisit dans ses serres.

Sa tête et sa queue sont grises, son dos et ses ailes d'un roux vineux, semé de quelques petites taches noires.

La femelle est un peu plus grosse que le mâle, et elle en diffère, en outre, en ce qu'elle a la tête rousse, le dessus du dos des ailes et de la queue rayé de bandes brunes. C'est à son cri précipité *pri, pri, pri*, imitant le bruit de l'instrument nommé cresserelle, que cet oiseau doit son nom.

Cresserelle.

On prend la cresserelle et les autres petits oiseaux de proie au moyen du filet à alouettes ou *tombereau*, au milieu duquel on attache comme appât un pigeon blanc, en ayant soin de lui laisser les ailes libres, afin qu'il puisse les agiter et attirer ainsi l'attention de l'oiseau de proie. Dès que celui-ci aperçoit le pigeon, il fond sur lui avec la rapidité de l'éclair ; le chasseur, caché dernière une haie ou un buisson, tire alors la corde, les nappes se ferment et enveloppent l'oiseau, ce qui ne l'empêche pas de dévorer sa proie.

Dans quelques grandes fermes, et surtout celles qui sont situées à proximité des bois, on est dans l'habitude, pour assurer la conservation des pigeons, de planter aux environs plusieurs poteaux de douze à quinze pieds de haut, au sommet desquels on fixe des piéges ou traquenards, que l'on amorce avec un morceau de viande.

L'*épervier*, vulgairement appelé *émouchet*, est un peu

moins gros que la cresserelle ; il est brun en dessus,
blanc mélangé de roux sur la poitrine et le ventre, qui
sont traversés de bandes brunes. L'épervier mâle est à
peu près de la grosseur d'une pie ; la taille de la femelle
est d'un tiers plus forte. Tous deux habitent les bois et ni-
chent sur les arbres les plus élevés, d'où ils s'élancent

Epervier.

pour parcourir le pays découvert. L'épervier détruit beaucoup de petit gibier et fait une prodigieuse destruction de
petits oiseaux ; il prend aussi les pigeons lorsqu'ils s'écar-
tent de leur compagnie.

L'autour ressemble beaucoup à l'épervier par les couleurs de son plumage et par ses habitudes, mais il est de
moitié plus gros et a les jambes plus courtes. Il est aussi
moins répandu et n'habite guère que nos régions montagneuses.

L'autour et l'épervier se distinguent de tous les autres
oiseaux de proie par leurs ailes plus courtes qui, lorsqu'elles sont pliées, atteignent à peine la queue.

Le *milan* se reconnaît aisément à sa queue fourchue, à
ses longues ailes, à son vol plus aisé et plus élégant que

celui d'aucun oiseau de proie. On le voit parfois rester suspendu en l'air pendant des heures, sans qu'on puisse apercevoir le moindre mouvement de ses ailes ; puis, tout à coup, il se laisse tomber comme une pierre sur la proie que son œil perçant vient de découvrir ; mais son bec et ses serres sont faibles et son caractère est lâche ; il se laisse insulter et chasser par l'émouchet, qui est de moitié plus petit que lui, et même par les corbeaux. Il est d'ailleurs aussi utile que nuisible ; car, si d'un côté il tue quelques petits oiseaux, s'il tente parfois d'enlever de jeunes poulets, que leur mère suffit d'ailleurs à défendre ; d'un autre côté, il fait sa proie habituelle de rats, de mulots, de taupes et de reptiles, dont il débarrasse le sol.

Outre la longueur de ses ailes et sa queue fourchue, son plumage roux, flammé de brun en dessous, suffit pour le faire reconnaître. Il parcourt les plaines toujours en quête d'une proie facile, et niche sur les arbres les plus élevés, hêtres ou chênes.

On emploie contre tous ces oiseaux de proie les mêmes moyens de destruction que je vous ai indiqués pour la cresserelle. Il est également utile de rechercher leurs nids, presque toujours placés sur les arbres les plus élevés du bois qu'ils habitent, afin de détruire leurs couvées.

Je vous ai déjà signalé les pies-grièches comme les plus méchants et les plus sanguinaires de tous les oiseaux ; il semble qu'elles tuent pour le plaisir de tuer, et ce n'est pas sans raison qu'on leur a donné le nom d'*oiseaux bouchers*. Elles détruisent, il est vrai, beaucoup d'insectes nuisibles ; mais elles égorgent aussi une quantité considérable de petits oiseaux, et saccagent tous les nids qu'elles rencontrent.

Le grand *corbeau*, que l'on confond souvent avec la corneille ou corbine, dont il est cependant facile à distinguer par sa taille beaucoup plus grande, est un véritable oiseau de proie. Il recherche, il est vrai, les cadavres d'animaux et les matières corrompues ; mais il chasse avec non moins d'ardeur les petits quadrupèdes, les oiseaux et même les jeunes volailles, qu'il attaque parfois jusque dans la basse-cour. Il est, d'ailleurs, assez rare dans nos contrées, et balance le mal qu'il cause par les services qu'il rend, en faisant disparaître les corps en putréfaction et les immondices, et en détruisant une certaine quantité de campagnols et de mulots.

Les *corneilles* ou *corbines*, qui ne diffèrent du grand corbeau que par leur taille d'un tiers plus petite, s'abattent chez nous par bandes nombreuses ; pendant la belle saison, elles habitent assez volontiers les pays montagneux et boisés ; mais, dès que les froids commencent à se faire sentir, elles se répandent dans les plaines, et font beaucoup de tort en fouillant les terres ensemencées ; elles détruisent, en outre, bon nombre de petits oiseaux et d'œufs.

La corneille commune est toute noire ; mais une autre espèce, presque aussi répandue, la *corneille mantelée*, doit son nom à la couleur de son corps d'un gris blanchâtre qui, tranchant sur le noir de la tête, de la queue et des ailes, la fait paraître comme vêtue d'un mantelet.

Les corneilles et les corbeaux montrent une grande défiance et se laissent difficilement approcher. L'on a dit qu'ils sentaient de loin la poudre, ce qui ne peut être vrai ; mais il est fort possible que la vue d'un homme armé d'un bâton ou d'un fusil leur inspire une crainte d'ailleurs bien justifiée. Le fusil et les pièges ne sont donc pas d'un emploi heureux contre ces oiseaux, et l'on réussit beaucoup mieux par le poison. On peut empoisonner le cadavre d'un animal, ou jeter dans le lieu où ils se rassemblent des fèves de marais dont ils sont très-friands, et dans l'intérieur desquelles on a introduit de la strychnine. J'ai vu pratiquer dans les Vosges une chasse fort amusante : en hiver, pendant les neiges, on fait avec du fort papier ou du parchemin des cornets assez larges pour que l'oiseau puisse y enfoncer la tête ; on les enduit intérieurement de glu, et l'on place au fond un morceau de viande corrompue ; puis l'on plante ces cornets dans la neige. Les corneilles, toujours en quête dans ces temps de disette, trouvent les cornets, y enfoncent la tête pour s'emparer du morceau de viande, et ne peuvent plus se débarrasser de cette coiffure incommode, retenue par la glu. Elles prennent alors leur vol et s'élèvent perpendiculairement à perte de vue ; mais bientôt, étourdies et fatiguées, elles retombent et deviennent la proie du chasseur.

La *pie*, bien connue de tous les habitants de la campagne, est pour eux une mauvaise voisine ; comme la corneille, elle fouille les champs ensemencés et détruit un grand nombre de petits oiseaux et de nids.

Comme la pie place son nid à découvert sur les arbres les plus élevés, et qu'elle a soin de l'entourer d'un fagot d'épines, il est très-facile à découvrir, et il ne s'agit que de saisir le moment où la mère est sur ses œufs pour la tuer d'un coup de fusil et démonter le nid. La pie montre une antipathie singulière contre la chouette et le hibou : aussi est-il très-facile de la prendre aux gluaux, en imitant le cri de ces oiseaux de nuit.

Il en est de même du *geai*, qui partage l'antipathie de la pie contre les hiboux ; il donne tête baissée à la pipée. Cet oiseau, qui passe la plus grande partie de sa vie dans les bois, fait un grand gaspillage de glands, de faînes, de noisettes ; il commet, en outre, d'odieux attentats contre les nids des petits oiseaux, brisant les œufs, dévorant les jeunes et les parents mêmes, s'ils ne lui opposent pas trop de résistance.

VINGT-TROISIÈME VEILLÉE.

LES REPTILES NUISIBLES.

La *vipère* est le seul reptile dangereux qui existe dans notre pays ; je l'ai décrite en vous parlant des couleuvres (page 194), et je vous ai fait connaître les caractères à l'aide desquels on peut facilement la distinguer des autres serpents de nos climats. C'est surtout à sa tête courte et triangulaire, marquée d'une tache noire en forme de V, et à la ligne noire qui court en zigzag le long du dos.

Vipère.

La vipère habite généralement les cantons boisés et pierreux, où elle vit de sa chasse, qui consiste en petits quadrupèdes, oiseaux, insectes, vers. A l'approche du froid, elle se retire sous les tas de pierres ou dans les trous d'arbres, et s'y engourdit jusqu'au printemps. A cette époque de l'année, la vipère s'accouple et, quatre mois après, elle produit ses petits. Elle ne pond pas ses œufs comme la plupart des autres reptiles : ils éclosent dans son ventre, et elle met au jour de quinze à vingt petits vivants ; c'est de là que lui vient son nom de vipère (de *vivus*, vivant, et *pario*, j'enfante.) Elle choisit, pour déposer ses petits, un lieu sec et chaud, à l'exposition du midi, et veille sur eux avec une sollicitude toute maternelle ; elle les empêche de trop s'écarter, les lèche l'un après l'autre, et leur apprend bientôt à saisir les petits insectes, dont ils font leur première nourriture, en attendant qu'ils soient assez forts pour attaquer une plus grosse proie. Mais, au moindre bruit inquiétant ou si le ciel se couvre et menace d'un orage, la mère applique sa tête sur la terre, siffle et ouvre la gueule ; aussitôt toute la petite famille dispersée se rassemble, et ses enfants effrayés se hâtent de rentrer dans son estomac. Alors la vipère fuit, emportant dans son sein sa précieuse progéniture, et va se mettre à l'abri sous quelque racine d'arbre ou dans un trou de rocher. Puis, lorsque sa crainte est passée, elle cherche un lieu solitaire, une place sèche et sablonneuse ; elle appuie de nouveau sa tête contre terre, ouvre la gueule, et ses petits sortent gaiement de son estomac pour jouir des douces influences de l'air et du soleil. Mais malheur à celui qui, volontairement ou par maladresse, s'avise de les déranger ! une morsure, toujours dangereuse, parfois mortelle, est la punition de son imprudence.

L'appareil venimeux de la vipère est très-curieux : les grandes dents ou crochets sont recourbées, creuses comme un tuyau de plume, et appuyées par leur base sur une glande qui renferme le venin. Quand la vipère mord, la dent, appuyant contre la glande, en fait sortir le venin, qui coule par son canal et s'introduit au fond de la plaie faite par la dent elle-même. Le venin de la vipère tue en quelques minutes un pigeon, une poule, et même un chat ; un fort chien y résiste parfois ; rarement sa morsure est mortelle pour l'homme fait, mais les enfants y succombent le plus souvent.

La première chose à faire, lorsqu'on se sent mordu, est de sucer aussitôt la blessure. Cette succion n'offre aucun danger, le venin de la vipère n'agissant point sur l'estomac ni sur les intestins. Il faut, en même temps, presser la plaie, et même, si on le peut, faire une ligature serrée au-dessus, afin d'arrêter l'absorption. L'application d'une ventouse, le lavage à l'ammoniaque (alcali volatil) ou même avec de l'urine sont encore d'excellents moyens, qu'il faut faire suivre de la cautérisation au moyen d'un fer rouge, de la pierre infernale ou d'une goutte d'acide sulfurique. Quelques gouttes d'ammoniaque, versées dans un verre d'eau et prises à l'intérieur, complètent le traitement préservatif.

L'ignorance, jointe à l'horreur naturelle qu'ils inspirent, a fait attribuer à tous les reptiles les qualités malfaisantes que la nature a départies à un petit nombre d'entre eux et à la vipère seule dans notre pays. Toutes les histoires débitées sur le prétendu venin des couleuvres, des orvets, des salamandres, des crapauds, sont des contes faits à plaisir.

VINGT-QUATRIÈME VEILLÉE.

LES INSECTES NUISIBLES.

De tous les animaux, les plus nuisibles à l'homme sont à coup sûr les insectes, et l'on peut affirmer avec raison qu'ils constituent la plaie la plus étendue et la plus incurable de l'agriculture. Ils tiennent cependant leur petite place en ce monde, et jouent même un rôle assez important dans l'harmonie générale, comme je vous l'ai déjà démontré dans une de nos précédentes veillées (page 165) ; mais vous avez vu aussi de quels ravages ils sont capables, et comment, si leur effrayante multiplication n'était rigoureusement contenue par les oiseaux, ils finiraient par nous affamer tous.

Et cependant leur nombre et leur puissance de destruction, dans nos climats, paraissent insignifiants, lorsqu'on les compare à ce qu'ils sont dans les chaudes et riches contrées de l'Inde et de l'Afrique. On voit dans ces pays des nuages épais d'insectes affamés s'abattre comme un orage sur ces plaines fécondes, détruire en un instant les travaux, les espérances de tout un peuple, et, n'épargnant ni les grains, ni les fruits, ni les herbes, ni les racines, dépouiller la terre de sa verdure et changer en désert aride les plus riches contrées. La Bible nous a conservé le souvenir d'une invasion de sauterelles, qui mérita de figurer parmi les plaies de l'Égypte, et ce miracle effrayant se renouvelle souvent dans les contrées méridionales de l'Afrique, où les habitants, réduits à la famine par ces insectes, se vengent en les dévorant à leur tour.

D'autres fois, ce sont les fourmis qui sortent tout à coup du désert et se répandent comme un torrent dévastateur ; elles arrivent en colonne pressée, se succèdent sans cesse, envahissent tous les lieux habités, en chassent les animaux et les hommes, et ne se retirent qu'après une dévastation générale.

Presque toutes les espèces nous sont utiles dans la classe des oiseaux, et quelques pages m'ont suffi pour décrire celles qui sont nuisibles ; mais il n'en est plus ainsi de la classe des insectes ; car, si j'ai pu vous dire en deux veillées les principaux traits de l'histoire des quelques espèces utiles à l'homme, il me faudrait plus d'une année pour vous faire connaître avec détail celle des insectes nuisibles. Aussi me contenterai-je de vous parler de ceux qui vous intéressent le plus directement.

L'homme est attaqué lui-même par divers insectes. Quiconque a traversé pendant l'été certains bois humides sait quel fléau sont les *cousins* et les *taons*. Tournoyant par centaines autour des hommes et des animaux, ils les fatiguent de leurs bourdonnements monotones, les harcèlent de leurs piqûres ; chassez-les, ils reviennent ; tuez-les, ils sont aussitôt remplacés par d'autres : il n'y a contre eux d'autre remède que la fuite. — Les *moustiques* ou *mosquitos*, sorte de petits cousins des pays chauds, pullulent à tel point dans certaines régions, et font des piqûres tellement douloureuses qu'ils rendent le pays inhabitable. Les *leptes* ou *rougets* sont de petits parasites couleur de sang, qui vivent ordinairement dans les herbes ; ils s'attachent aux jambes des passants, se plongent dans la chair, et causent des démangeaisons insupportables. Le meilleur moyen de s'en débarrasser est de se laver avec de l'eau et du vinaigre. — Quant aux puces, aux poux et autres dégoûtants parasites qui vivent de notre substance, le meilleur remède à employer contre eux est la propreté.

Les insectes qui attaquent les animaux sont plus nombreux. — Ce sont d'abord les *tiques*, sortes de parasites à sucoir aigu, et dont les pattes sont armées de griffes recourbées. Ces insectes vivent sur les végétaux, surtout dans les bois; mais lorsqu'un animal, chien, bœuf, cheval, etc., vient à passer à leur portée, ils s'élancent dessus, enfoncent leur sucoir dans sa peau jusqu'au vif, et s'y cramponnent tellement qu'on ne peut les enlever qu'en les enduisant d'huile; car ils laisseraient leur tête dans la plaie plutôt que de lâcher prise. Leur multiplication est quelquefois si grande sur les animaux qu'ils attaquent que ceux-ci périssent d'épuisement. Lorsque les tiques sont en grand nombre, le seul moyen de les détruire est de frictionner l'animal avec de l'onguent gris ou onguent mercuriel, ou même avec une simple décoction de tabac. — Les *ricins*, espèces de poux, s'attachent aux chiens; on les en débarrasse, comme des tiques, au moyen du tabac ou de l'onguent gris. — Diverses espèces de ricins et d'*acarus* vivent aux dépens des volailles et principalement des pigeons. Pour détruire ces parasites, qui peuvent nuire beaucoup à leur santé, il faut surtout nettoyer avec soin leur logement, renouveler fréquemment la paille de leur nid, et tenir constamment à la portée de ces oiseaux de l'eau fraîche dans laquelle ils puissent se baigner.

Les *taons* sont de grosses mouches très-avides du sang des animaux, et qui attaquent principalement nos bœufs et nos chevaux. Au moyen des crochets qui terminent leurs pattes, ils se fixent sur la peau qu'ils percent de leur trompe acérée, et sucent le sang qui coule aussitôt. C'est surtout pendant les chaudes journées de l'été que les taons se montrent opiniâtres et tourmentent le plus les animaux. — Le *taon des bœufs*, plus gros qu'une abeille, est d'un brun noirâtre ; son ventre est marqué en dessus de taches triangulaires blanchâtres, et le bord de ses aîles est jaunâtre. — Le *taon des chevaux* est plus gros, plus velu que le précédent ; sa piqûre paraît être aussi douloureuse, si l'on en juge par l'agitation que cause aux chevaux son seul bourdonnement.

D'autres mouches harcèlent nos animaux domestiques, non plus pour leur sucer le sang, comme les taons, mais pour déposer leurs œufs sur quelques parties de leur corps. — Ces insectes, que, dans les campagnes, on confond avec les taons, portent le nom d'*œstres*. Ce sont de grosses mouches très-velues, et dont le corps est coloré par bandes comme celui des bourdons.

Il existe plusieurs espèces d'œstres, et chacune d'elles vit en parasite, à l'état de larve, sur une espèce différente d'animal. Le cheval, l'âne, le bœuf, le mouton, ont chacun leur espèce particulière, et ils paraissent craindre terriblement l'approche de l'insecte, lorsqu'il cherche à se poser sur eux. — La femelle de l'œstre porte à l'extrémité du corps une tarière écailleuse, à l'aide de laquelle elle dépose ses œufs soit sur le poil, soit sous la peau de l'animal. — Dans ce dernier cas, elle perce le cuir avec sa tarière et pousse un œuf dans la plaie. Celle-ci s'enflamme, se tuméfie, devient purulente, et c'est au milieu de cette humeur, qui lui sert d'aliment, que se développe le petit ver ou larve qui sort bientôt de l'œuf. — C'est surtout aux bœufs que s'attaque cette espèce d'œstre ; c'est pourquoi on l'a nommée *œstre du bœuf*. Sa piqûre détermine une tumeur parfois énorme, et la santé de l'animal attaqué en est souvent altérée. — Le seul moyen à employer pour débarrasser les bœufs de ce dégoûtant parasite est d'ouvrir

la tumeur avec un bistouri ou des ciseaux et d'en extraire
le ver avec une aiguille ; on fait ensuite sortir le pus par
la compression, et l'on y injecte, au moyen d'une petite se-
ringue, de l'eau dans laquelle on a fait dissoudre un peu
de chlorure de chaux.

D'autres espèces d'œstres ne placent pas leurs œufs
sous la peau ; ils se contentent de les coller au moyen
d'une humeur gluante sur le poil de l'animal qu'ils ont
choisi, et toujours dans un endroit où celui-ci puisse atteindre avec sa langue. — Ces œufs éclosent fort peu de
temps après la ponte, et il en sort un petit ver hérissé
d'épines, qui s'attache à la langue de l'animal, lorsque celui-ci lèche la partie du corps sur laquelle il était fixé. Il
parvient ainsi dans l'estomac, se nourrit des sucs qu'il
trouve dans cet organe, et, lorsqu'il a acquis tout son développement, il descend en rampant au moyen de ses
épines le long des intestins, et sort par l'anus, d'où il
se laisse tomber à terre pour y subir ses transformations.
— Tel est l'œstre du che-
val, reconnaissable à ses
ailes blanchâtres, traversées vers le milieu par
une bande flexueuse, noi-
râtre, avec deux points
noirs au sommet. — Le
séjour des œstres dans l'estomac des chevaux paraît

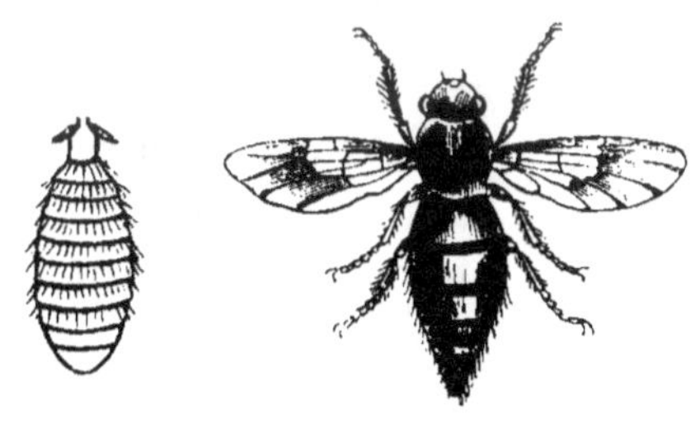

OEstre du cheval et sa larve.

leur être très-nuisible, bien que l'on ait avancé le contraire, et, lorsque ces insectes y sont réunis en grand
nombre, l'animal qui les porte maigrit et dépérit en fort
peu de temps. On a souvent trouvé l'estomac de chevaux
morts sans cause apparente criblé de ces vers et, sans aucun doute, ils y avaient au moins contribué. — Le meilleur remède à employer pour détruire ces parasites est

d'administrer au cheval qui en est attaqué un purgatif énergique, composé de 125 grammes de sulfate de magnésie ou sel d'Epsom, et 32 grammes d'aloès succotrin, dissous dans un litre d'eau chaude.

Une troisième espèce d'œstre attaque le mouton; elle est reconnaissable à son ventre blanc taché et tiqueté de noir et à ses ailes transparentes. L'*œstre du mouton* dépose ses œufs sur le museau de l'animal, et les larves qui en sortent pénètrent par les narines dans les sinus frontaux. En vain la pauvre bête secoue la tête, frappe du pied le sol et fuit de toute sa vitesse, elle ne peut se débarrasser de ses frêles ennemis. Ceux-ci s'accrochent à la membrane muqueuse, y causent des ulcères sanieux et se gorgent des humeurs de l'animal. — Le meilleur moyen pour tuer ces vers ou les forcer à sortir de leur retraite est d'employer les fumigations de goudron ou d'huile empyreumatique et les injections d'eau salée ou vinaigrée.

On rencontre fréquemment dans les prairies un gros insecte noir ou bleuâtre, reconnaissable à son énorme ventre mou et gonflé, qu'il semble avoir peine à traîner, à ses ailes en étui excessivement courtes, et à ses cornes ou antennes en chapelet. Cet insecte, lorsqu'on le saisit, répand par toutes ses articulations une liqueur jaune et puante, dont les propriétés âcres et irritantes, analogues à celles des cantharides, produisent souvent des désordres graves chez les animaux qui les avalent en broutant. Les anciens leur donnaient le nom de *bupreste*, qui signifie *enfle-bœuf*, et que l'on applique de nos jours à des insectes qui n'ont aucun rapport avec ceux-ci. Dans les campagnes de la Grèce on leur donne encore le nom de *voupresty*, évidemment dérivé de bupreste ; mais, chez nous, on les appelle *méloës*. Quoi qu'il en soit, ces insectes, pris à l'intérieur, causent une vive inflammation dans le corps et l'ulcération des parois de l'estomac.

L'espèce la plus commune, le *méloé proscarabée*, est en entier d'un noir à reflets bleuâtres; une autre espèce moins répandue est le *méloé de mai*; il est d'un noir mat et porte sur chaque anneau du ventre, en dessus, une plaque d'un beau rouge cuivreux.

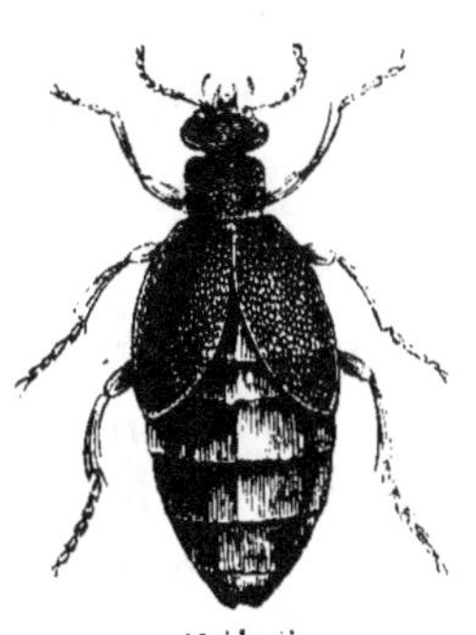

Méloé.

Je ne vous ai parlé jusqu'à présent que des insectes qui s'attaquent directement à l'homme, ou aux animaux domestiques qu'il élève pour ses besoins; et bien qu'ils soient nuisibles, le tort qu'ils nous font est insignifiant, si on le compare à celui que produisent les espèces herbivores qui s'attaquent aux plantes que nous cultivons pour notre subsistance. Les uns détruisent ces plantes dans l'état de végétation, les autres rongent les grains que nous conservons dans nos greniers.

Parmi les premiers figure une petite mouche à quatre ailes (hyménoptère), que les naturalistes ont nommée *cephus pygmée* (fig. 1, page 283.) Ce petit insecte est noir, avec des anneaux jaunes sur le ventre; ses ailes sont transparentes et irisées. Sa larve est un petit ver blanchâtre, sans pattes. (fig. 1 a.) — Le cephus insère, au mois de mai, un œuf dans une tige de blé ou de seigle, qu'il perce au moyen d'une petite scie placée à l'extrémité de son corps. Le ver ou la larve qui sort de l'œuf se nourrit de la moelle du chaume, et, parvenu au terme de sa croissance, peu de jours avant la moisson, il descend vers la terre pour s'y transformer en nymphe; mais auparavant, pour assurer sa sortie sous la forme ailée, au printemps suivant, il coupe circulairement la paille en dedans, un peu au-dessus du sol. — On reconnaît aisément les épis attaqués par le cephus; ils sont blanchâtres et droits et s'élèvent au-dessus des autres qui sont encore verts, et qui se courbent sous le poids des grains, tandis que les premiers sont entièrement vides ; en outre, la coupure circulaire opérée par la larve au bas du chaume fait qu'il se brise au pied lorsqu'il fait du vent. Le champ présente alors le même aspect que s'il avait été traversé dans tous les sens par des animaux.

Un autre insecte fait des ravages analogues ; c'est un petit capricorne (coléoptère), désigné sous le nom de *saperde grêle*, et reconnaissable à ses cornes plus longues que son corps ; mais au lieu de couper circulairement la tige au pied, il ronge le chaume près de l'épi, en ne laissant intact que l'épiderme ; de sorte qu'à l'époque où les blés commencent à jaunir, ces épis tombent au moindre mouvement. La larve descend ensuite dans le tuyau en rongeant son intérieur pour se nourrir, et elle s'y loge pour passer l'hiver à cinq ou six centimètres au-dessus du sol. Or, comme on coupe les blés à vingt-cinq centimètres, il en résulte que la larve passe tranquillement l'hiver dans les chaumes, y subit ses transformations et en sort au printemps suivant, à l'état d'insecte parfait, pour aller s'accoupler et pondre sur les nouveaux blés alors en fleur. La femelle ne dépose qu'un seul œuf dans chaque tige, et comme elle pond plus de 200 œufs dans la saison, il en résulte qu'une seule femelle détruit au moins 200 tiges de blé. — On voit à l'approche de la maturité les épis tomber au moindre vent, et les tiges restent droites et apparentes parmi les épis mûrs et courbés par leur poids. On donne à ces tiges décapitées le nom d'*aiguillons* et à l'insecte le nom d'*aiguillonnier*. — Dans certains départements, on peut évaluer la perte occasionnée par les cephus et les aiguillonniers au cinquième et même au quart de la récolte. — Le seul moyen de détruire ces insectes pernicieux est d'arracher les chaumes et de les brûler sur place ; on est sûr de faire ainsi périr les larves cachées dans l'intérieur de la tige. L'on a remarqué aussi que les blés semés tardivement n'étaient pas attaqués.

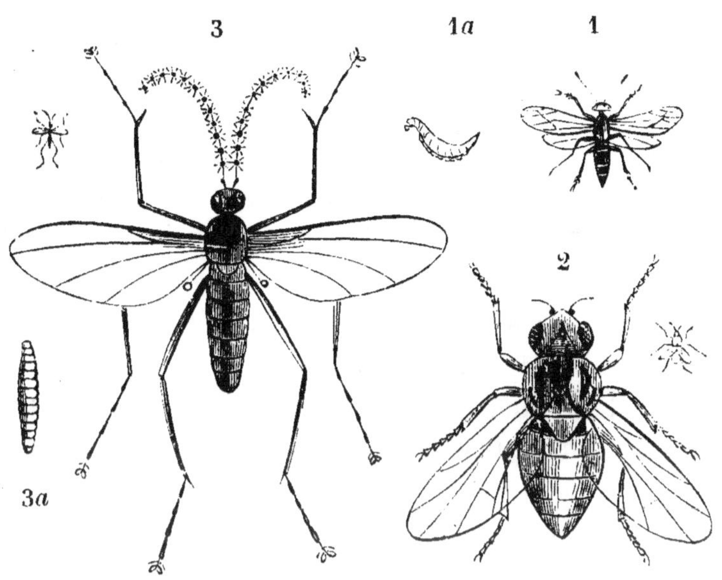

1. Cephus pygmée. 1a. Sa larve. — 2. Chlorops à lignes, très-grossi. — 3. Cecidomye du froment, très-grossi. 3a. Sa larve.

Un ennemi non moins à craindre pour le blé et le seigle est le *chlorops à lignes* (fig. 2.); c'est une petite mouche jaune, avec un triangle noir sur la tête, et cinq bandes de la même couleur sur le corselet. A l'automne, elle est gonflée d'œufs, qu'elle dépose un à un sur un nombre égal de jeunes plantes nouvellement levées. Peu de jours après, il sort de chacun de ces œufs un petit ver ou larve, qui ronge la tige jusqu'à sa base et l'empêche de monter; la séve, alimentée par les racines, continue la végétation et, ne pouvant faire monter la plante privée de sa tige, épaissit le collet entouré de feuilles, au centre duquel la larve passe l'hiver. — Nous disons alors de la plante qu'elle est en poireau ou qu'elle culotte; elle reste ainsi jusqu'au mois de mars, où elle jaunit et meurt. Dans le même temps, la larve subit ses métamorphoses, d'abord en chrysalide, puis en mouche; l'insecte s'accouple, et les femelles de cette seconde génération pondent à leur tour au mois de juin; mais cette fois elles déposent leurs œufs au-dessus du premier nœud de la tige, et le ver qui en sort ronge la plante depuis ce premier nœud jusqu'à l'épi, ce qui a pour effet de faire avorter tous les grains situés de ce côté, et d'empêcher la croissance de la tige, qui n'atteint guère que la moitié de la hauteur de celles qui sont saines, et reste verte alors que les autres sont déjà jaunes.

Le chlorops présente donc deux générations chaque année, et produit sur le froment et le seigle deux sortes de dégâts. Il commet dans certaines contrées, et surtout dans le Midi, des ravages considérables, — Le meilleur moyen de le détruire est d'arracher les tiges qui contiennent les larves et de les brûler. Il en est un plus efficace encore, c'est de ne semer qu'en novembre; les mouches, arrivées au moment de pondre, ne trouvant pas à leur portée les jeunes plants de froment ou de seigle qui doivent recevoir leurs œufs, meurent sans pouvoir se reproduire.

L'orge est également attaquée par une espèce de chlorops, plus petite que celle du blé. La femelle dépose dans chaque épi de 6 à 10 œufs, et les vers qui en sortent rongent la fleur et font avorter le grain, de sorte que les épis attaqués sont entièrement vidés.

L'avoine est, comme le froment et le seigle et comme l'orge, attaqué par une petite mouche noire à pattes jaunes, qui dépose ses œufs à la base de cette plante nouvellement levée et en arrête ainsi le développement. Les cultivateurs désignent cette altération en disant que les avoines *boudent*, et les naturalistes donnent à cette petite mouche le nom d'*Agromyze à tarses noirs*. Les meilleurs moyens de prévenir le retour du mal sont, comme pour les mouches précédentes, de semer tardivement et d'arracher les plantes attaquées.

Les blés sont encore exposés aux déprédations d'autres insectes, et notamment de la *cecidomye du froment* (fig. 3.), espèce de petit moucheron qui dépose ses œufs dans la tige, et dont la larve fait avorter les épis. Cette petite espèce, qui, dans certaines années, se multiplie d'une façon extraordinaire, occasionne alors des dommages considérables, et menace de famine des provinces entières.

Il en est de même des larves ou vers d'un insecte coléoptère du genre *taupin* très-répandu. Ces larves, que les cultivateurs appellent le *ver*, sont allongées, fort étroites, jaunâtres, d'une consistance fort dure. Elles vivent sous terre, rongent les racines du blé jusqu'au collet et font périr les plantes. C'est au mois d'avril qu'elles exercent leurs ravages. On conseille comme moyen préventif de répandre des tourteaux de caméline réduits en poudre sur les endroits du champ où l'on commence à s'apercevoir de la présence de ces larves. On a remarqué que le

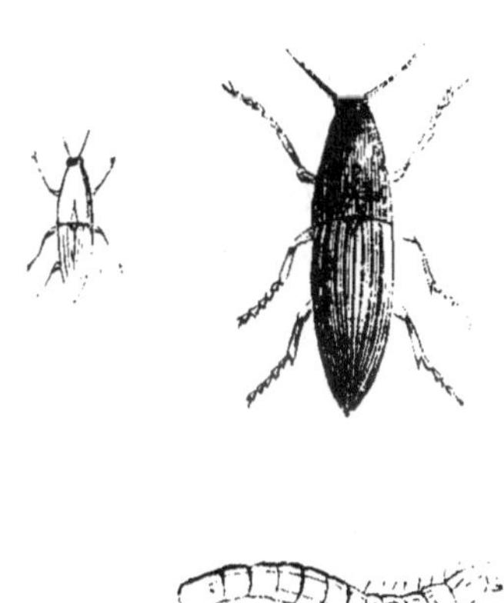

Taupin et sa larve, grossis.

blé que l'on fait succéder à la caméline n'en est jamais attaqué, tandis qu'après le trèfle il y est plus exposé. Il est nécessaire aussi de faire la guerre à l'insecte parfait lorsqu'il parait en été, et avant qu'il ait déposé ses œufs, ce qu'il fait au commencement de l'automne. Cet insecte, qu'on appelle vulgairement *maréchal* ou *tictac*, est bien connu des enfants, qui s'amusent à le faire sauter en le mettant sur le dos; pour se remettre sur ses pieds, l'insecte fait jouer une espèce de ressort qu'il a sous la poitrine, et exécute ainsi un saut très-élevé.

Quelques insectes nuisent encore aux céréales sur pied : tels sont les vers ou larves du petit hanneton des blés, et ceux de quelques insectes carabiques ; mais leurs ravages sont loin de produire des effets aussi désastreux que ceux dont je viens de vous parler.

Je vais m'occuper maintenant des insectes qui dévorent les céréales à l'état sec.

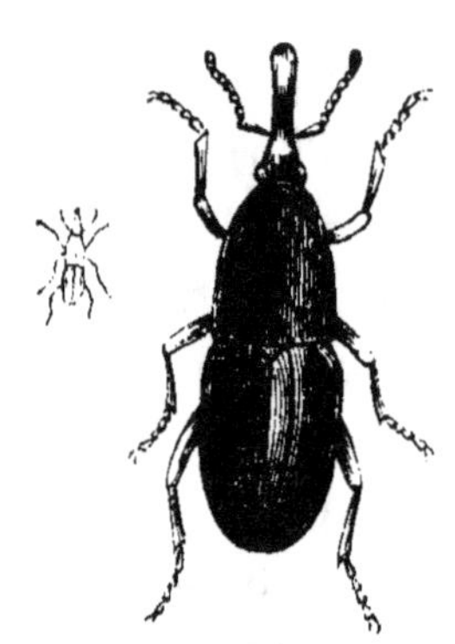

Charançon du blé ou calandre, très-grossi.

Le plus nuisible entre tous, est la *calandre* ou *charançon*, que vous connaissez tous. C'est le fléau de nos greniers et ses ravages sont tels, que parfois tout le grain qu'ils renferment est dévoré et qu'il ne reste plus que l'enveloppe extérieure ou le son. — Chaque larve consomme la farine d'un seul grain et se métamorphose dans cette demeure. Si la température est suffisante (10 degrés cent.), les calandres sortent de leurs retraites vers la fin d'avril ou le commencement de mai, et se recherchent pour s'accoupler. La femelle pond bientôt après sur les grains de blé restés intacts. — Comme il faut que la température soit au moins de 10 degrés pour que ces insectes puissent se reproduire, on a imaginé dans certaines contrées d'enfermer le grain dans des silos ou caveaux, où l'on maintient une température plus basse. — Un autre moyen consiste à dresser auprès d'un tas de blé attaqué un petit monticule de grains, auquel on ne touche pas, tandis qu'on remue fréquemment le tas principal avec une pelle. Les calandres qui l'habitent, étant inquiétées, l'abandonnent presque toutes pour se réfugier dans le monticule placé auprès. Au bout de quelque temps, lorsque l'on juge que le petit tas de blé doit être rempli de calandres, on les fait toutes périr en jetant sur celui-ci de l'eau bouillante. On doit employer ce procédé avant que la ponte ait eu lieu, c'est-à-dire au premier printemps. L'opération réussit encore plus sûrement, si, à la place du petit tas de blé, on substitue de l'orge, les calandres préférant cette dernière au froment.

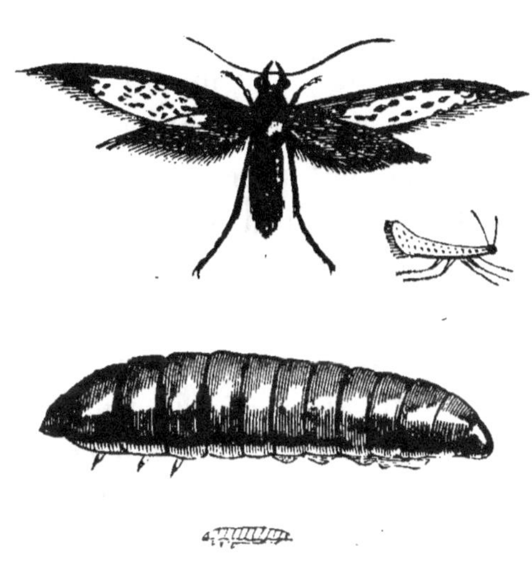

Alucite ou teigne des blés; sa larve.

La *teigne des blés* ou *alucite* est presque aussi redoutable que la calandre; c'est un petit papillon de couleur grisâtre, avec les ailes couleur de café au lait clair tachetées de gris. L'alucite pond sur chaque grain un œuf, d'où sort bientôt une petite chenille, dont le premier soin est de percer l'enveloppe du grain pour s'y loger et en dévorer la partie farineuse, ne laissant ainsi que le son. Sa multiplication est prodigieuse, car elle produit jusqu'à cinq générations par année, et elle a souvent causé d'affreuses disettes en France et dans plusieurs autres contrées. Non-seulement la chenille de l'alucite ronge le grain, mais elle gâte encore ceux qu'elle n'attaque pas avec ses excréments, et l'on a reconnu que le blé ainsi souillé donnait un pain très-malsain. — Quelques cultivateurs pensent se garantir de l'alucite en fermant les fenêtres des greniers avec des châssis à canevas; mais ce moyen est insuffisant. Un autre préservatif plus puissant et applicable à toutes les graines sur lesquelles les insectes déposent leurs œufs, c'est d'exposer ces œufs à une chaleur qui les fasse périr, au moyen d'étuves préparées à cet effet; mais c'est une opération délicate et dangereuse, parce qu'elle nous met en péril d'enlever au grain sa faculté germinative, et de le rendre impropre à la panification, ce qui a lieu lorsqu'il est soumis à une température de 70 degrés, tandis que 60 sont nécessaires pour rendre les œufs stériles.

Après avoir parlé des insectes qui sont nuisibles à nos céréales, je vais vous signaler **ceux qui infestent nos autres cultures.** — Les uns n'attaquent qu'une seule espèce de végétal; d'autres se jettent sur un grand nombre. — Plusieurs chenilles dévorent les navets, les choux, les pois, les haricots : les unes restent cachées sous terre, ne vivent que de racines, et leurs ravages se montrent par la langueur des plantes; d'autres restent sous terre pendant le jour et dévorent les plantes pendant la nuit; d'autres enfin passent le jour et la nuit sur les plantes. Celles-ci sont les plus faciles à détruire par l'échenillage. Pour celles qui vivent sous terre, le meilleur moyen de les combattre serait des labours au pied des plantes; il en est de même du *ver blanc*, *ture* ou *mans*, larve du hanneton, qui attaque nos pommes de terre, nos betteraves, nos pâturages, comme les racines des arbres.

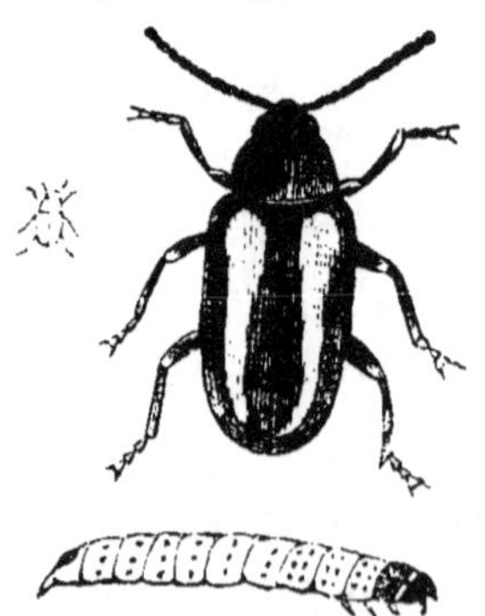

Altise et sa larve, très-grossi.

Au nombre des insectes qui dévastent plusieurs de nos cultures sont les *altises*, petits insectes coléoptères nommés vulgairement *puces de terre*, parce qu'ils sautent avec beaucoup de vivacité. Ils nuisent aux plantes sous la forme de larve et dans l'état ailé. Ils s'attaquent particulièrement aux lins, aux colzas, aux navets, aux choux. Au

moment où ces plantes commencent à germer, les larves
les dévorent ; plus tard, quand les plantes sont prêtes
à fleurir, leurs feuilles sont criblées de trous par les insectes ailés, et le dommage est souvent considérable. Dans
plusieurs localités on emploie les cendres, la suie, comme
préservatifs. Quelques praticiens prétendent que si, avant
les semailles, on prend la précaution de tremper les graines pendant vingt-quatre heures dans une saumure, on
préserve les plantes de l'attaque des altises.

Les navets sont encore infestés par les larves d'une
mouche à quatre ailes (hyménoptère), qui rongent les
feuilles au point d'anéantir la récolte.
Le seul moyen d'y remédier est de recueillir et de détruire ces larves. Celle-
ci est verte en dessus, jaune en dessous ;
elle se cache en terre et se construit une
espèce de cocon dans lequel elle se métamorphose. La mouche qui en sort est
jaune avec la tête et les antennes noires ;
on la nomme *athalie*.

Athalie et sa larve.

Les choux sont ravagés par plusieurs insectes ; par les
altises d'abord, dont je vous ai déjà parlé, par plusieurs
petites chenilles, et par la mouche nommée *brassicaire*,
dont les larves se logent dans le collet des racines. Celles-
ci se déforment en tubercules raboteux, la sève s'extravase
et la tige devient cassante. Le seul moyen d'arrêter le mal
est d'arracher la plantation avant la fin de l'été, afin de
détruire la génération de l'année suivante.

La navette est souvent ravagée par les larves d'un
moucheron du même genre que celui qui attaque le blé
(*cecidomye du froment*), c'est la *cecidomye du chou* ; ces
larves habitent au nombre de 30 ou 40 dans une seule
capsule, en détruisent les graines et descendent ensuite
en terre pour s'y métamorphoser.

Ils ont fait parfois manquer entièrement la récolte, surtout dans le Nord.

Les colzas sont attaqués par des chenilles, et surtout par deux petits charançons qui perforent les tiges, arrêtent la séve et font languir les plantes. Pour empêcher leur multiplication, il faut arracher les plantes attaquées avant le mois d'août, époque où ces insectes sont à l'état de larves.

La betterave est attaquée par un petit coléoptère nommé *cryptophage*, qui dévore les jeunes plantes ainsi que les graines des semailles; le seul moyen de le détruire est d'arracher les plantes attaquées et de faire un second semis qui réussit toujours, les petits insectes qui ont dévoré les premières semailles n'existant plus lors des secondes; le mal se réduit ainsi à la perte de la graine et du travail. — La betterave est également attaquée par les altises, ainsi que par une espèce de mille-pieds, l'*iule terrestre* (fig. 1, page 243), qui dévore les jeunes racines.

La pomme de terre n'a guère à craindre que le ver du hanneton, qui ronge les jeunes tubercules; quant aux pucerons qui se fixent sur la surface inférieure des feuilles, ils y font peu de dommage.

Les plantes légumineuses, c'est-à-dire les haricots, les fèves, les pois, les lentilles, sont en butte aux attaques d'un grand nombre d'insectes: ce sont les chenilles qui dévorent les feuilles, les teignes qui vivent dans les cosses, de petits charançons du genre *bruche* (fig. 2), qui dévorent le grain même, s'y logent, y opèrent leurs métamrophoses, et se multiplient souvent d'une façon effrayante. Les pucerons deviennent parfois funestes aux fèves par leur multitude; ils épuisent la séve de la plante et en font avorter les fleurs.

Si nous passons maintenant aux insectes qui nuisent aux prairies artificielles, nous trouverons d'abord la larve d'un petit charançon à peine gros comme une tête d'épingle, qui se loge dans les fleurs du trèfle cultivé ; il perce les enveloppes de la jeune graine, dont il ronge et détruit la substance intérieure au fur et à mesure que la fructification avance. Lorsqu'il a atteint tout son développement, le ver y subit ses métarmorphoses ; mais ce n'est qu'après la rentrée des trèfles qu'il se transforme en insecte parfait. — Celui-ci est un petit charançon en forme de poire. qui a la tête armée d'un bec long et pointu ; sa couleur est d'un vert foncé et ses cuisses sont jaunes ; on lui donne le nom d'*apion à jambes jaunes* (fig. 1).

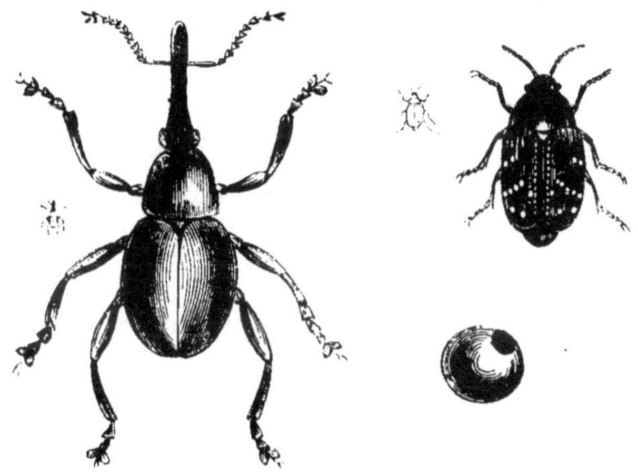

1. Charançon du trèfle, très-grossi. — 2. Bruche du pois, très-grossi.

Peu de temps après la rentrée des trèfles, on voit des multitudes de ces petits insectes cheminant sur les murs des greniers et cherchant à en sortir, et ils en sortent si bien que la floraison du regain est attaquée comme la première, et n'est pas moins maltraitée par cette seconde génération. Ces insectes occasionnent une grande diminution dans la quantité de la graine de trèfle, et la perte atteint parfois jusqu'au tiers de la récolte. Le meilleur moyen de s'en préserver est de faucher le regain avant que la floraison soit assez avancée pour que les larves aient pu se transformer. — Nos trèfles sont encore ravagés par des vers blancs à tête rouge, dont jusqu'à présent l'on ne connaît pas l'état ailé. Ces larves dévorent les racines au mois de mars et d'avril : on s'en délivre en répandant de l'eau de fumier sur les parties du sol où on les observe.

La luzerne est dévastée par plusieurs insectes, entre autres par un petit coléoptère du genre *coluspis*, que les cultivateurs désignent sous le nom de *négril*, à cause de sa couleur noire. Sa larve attaque toutes les parties de la plante et la fait périr ; ses ravages sont considérables, surtout dans le Midi. Une petite chenille (*pyralis*) se nourrit également de ses fleurs et fait avorter la graine. La même petite mouche qui attaque l'avoine, l'*agromyze à pieds noirs*, détruit les feuilles de la luzerne en en rongeant le parenchyme, qu'elle mine dans tous les sens.

Une espèce de *cecidomye*, voisine de celle qui détruit le froment, attaque le sainfoin ; elle dépose ses œufs sur les boutons des fleurs, et les petites larves qui en sortent déterminent, en suçant la séve, le développement de galles au milieu desquelles elles vivent en détruisant les graines. Le meilleur moyen pour éviter le retour du dégât est de faire manger sur pied le sainfoin attaqué.

Les criquets et les sauterelles nuisent aussi à nos prairies ; mais les dégâts qu'ils exercent dans nos contrées ne sont pas comparables à ceux qui les rendent si redoutables dans les climats chauds.

Outre les préservatifs particuliers que je vous ai indiqués contre les ravages des insectes nuisibles à l'agriculture, les moyens généraux les plus efficaces à employer consistent dans le sarclage, les labours et la rotation des cultures, ainsi que dans leur variété ; l'on a remarqué, en effet, que les dévastations de ces petits êtres sont bien plus étendues et plus fréquentes dans les contrées où ces pratiques sont négligées.

Pas plus que nos champs, nos jardins et nos vergers ne sont épargnés par les insectes, et les chenilles surtout commettent de grands dégâts sur nos arbres fruitiers. L'une des plus communes est la chenille du *bombyx à cul doré* ou *chrysorrhée*; elle est d'un brun foncé avec deux raies rouges longitudinales et couverte de poils d'un brun jaune; le papillon est blanc comme la neige, à l'exception de l'extrémité du corps, qui est d'un jaune brun, ce qui lui a valu son nom. Ce papillon, qui ne vole que le soir, pond au mois de juillet, sur le dessous des feuilles de presque tous les arbres fruitiers, de deux à trois cents œufs d'un jaune marron, qu'il recouvre des poils de son ventre. Les petites chenilles éclosent au mois d'août et se filent une large toile entremêlée de quelques feuilles où elles passent l'hiver. Au printemps suivant, elles se répandent sur l'arbre, dont elles rongent les feuilles et même les fleurs; aussi leurs ravages sont-ils réellement considérables. C'est donc pendant l'hiver, lorsqu'il n'y a plus de feuilles aux arbres, qu'il faut enlever tous les nids. Un moyen employé avec succès consiste à faire un vaste cornet en fil de fer, à large ouverture, que l'on fixe au bout d'une gaule ; on met dans le cornet deux ou trois feuilles de papier froissé, et, parmi elles, quelques morceaux de gros papier gris; on met le feu avec une allumette au papier de dessous, et on porte, au moyen de la gaule, le cornet sous les branches infestées; la fumée épaisse que fait en brûlant le papier gris asphyxie les chenilles, qui se laissent tomber dans le cornet. Il est bon de faire cette opération de grand matin, alors que les chenilles sont encore engourdies par la fraîcheur de la nuit; l'on en détruit ainsi des milliers en une heure. Ce procédé peut s'employer contre toutes les chenilles qui vivent en société, telles que celles du *bombyx livrée* et du *bombyx dispar*, qui sont, avec la précédente, les plus répandues et les plus nuisibles. Mais il ne suffit pas de détruire leurs nids sur les arbres fruitiers, il faut encore les rechercher dans les haies qui avoisinent les jardins; sans cette pré caution, les chenilles, après avoir ravagé les arbustes sur lesquels elles ont pris naissance, ne manqueraient pas de se mettre en route pour gagner les arbres qui leur offriraient de quoi vivre. Le moyen de se garantir de l'invasion des chenilles voisines est de tracer sur le tronc des arbres que l'on veut préserver un large anneau de goudron.

Nos pommiers paraissent souvent au printemps couverts de toiles d'araignées; mais si vous y regardez de plus près, vous verrez que ce sont en réalité de vastes nids tout remplis de petites chenilles d'un blanc grisâtre ponctuées de noir. Bientôt ces petites chenilles se répandront sur l'arbre, en dévoreront les feuilles et les fleurs, et la récolte sera anéantie. Lorsqu'elles ont atteint tout leur développement, les chenilles du pommier se changent en chrysalides, d'où sort un petit papillon dont les ailes supérieures sont blanches, variées de noir et les secondes ailes d'un brun noirâtre.

Ce papillon, auquel on donne le nom d'*yponomeute* ou *pyrale du pommier*, s'accouple et va pondre sur d'autres arbres une grande quantité d'œufs qui éclôront l'année suivante. Une espèce très-voisine vit sur le cerisier et y occasionne aussi de grands dégâts. On peut très-bien détruire les chenilles d'yponomeutes comme les autres chenilles sociales, mais il faut prendre garde de ne pas griller les jeunes branches.

Fréquemment l'on voit manquer la récolte du vin par suite des ravages qu'exercent certains insectes sur la vigne. Les plus nuisibles de tous sont sans contredit les *pyrales*. On en distingue deux espèces : l'une a les ailes verdâtres marquées de trois bandes obliques noirâtres ;

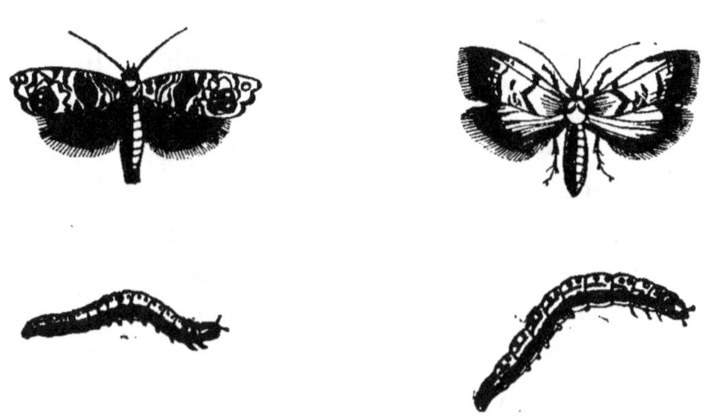

Pyrale du pommier et sa chenille.   Pyrale de la vigne et sa chenille.

l'autre les a d'un jaune clair et traversées par une large bande brune. Les chenilles sont vertes ; elles se renferment dans les feuilles de la vigne, qu'elles roulent sur elles-mêmes. A l'époque de la floraison, elles se logent dans l'intérieur des grappes et coupent les pédoncules, ce qui fait tomber les grains. Comme ces chenilles vivent de préférence dans le raisin qui est en treille, il est facile de faire la cueillette des grappes attaquées.

L'*altise*, que nous avons vue dévaster nos potagers, nuit également à la vigne ; elle en ronge les feuilles et les rend d'une couleur rougeâtre comme si le feu y avait passé.

Les charançons attaquent non-seulement nos céréales, mais presque toutes nos plantes utiles ; le *rhynchite bacchus*, remarquable par sa belle couleur d'un rouge cuivreux brillant, dépose ses œufs sur les feuilles de la vigne ; sa larve, connue des vignerons sous le nom de *lisette* et de *bêche*, roule les feuilles comme la chenille de la pyrale, et dans certaines années où des circonstances particulières ont favorisé sa multiplication, elle dépouille presque complétement la plante et fait manquer la récolte. — D'autres petits charançons, à trompe longue et grêle, déposent leurs œufs dans les fleurs du pommier ; la larve y commet d'affreux ravages en rongeant l'ovaire : on reconnaît les fleurs qui les renferment à leurs pétales recoquillés, et il n'est pas rare de voir des arbres dont les trois quarts des fleurs sont détruits par ces petits insectes. Une autre espèce de charançon à long bec attaque les noisetiers ; la larve s'introduit dans le fruit pour en manger l'amande. Malheureusement, tous ces petits insectes sont fort difficiles à atteindre, et l'on ne sait encore comment prévenir leurs dégâts.

Les *pucerons* font beaucoup de mal aux arbres fruitiers, surtout aux pommiers, aux pruniers et aux pêchers ; la maladie connue sous le nom de la *cloque* est due à leur présence ; c'est par suite de leurs piqûres que les feuilles deviennent boursouflées et crispées, et que les bourgeons ne se développent pas. Les pucerons se multiplient avec une rapidité prodigieuse ; car, par suite d'une organisation sans analogue parmi tous les autres animaux, une seule femelle fécondée peut, dans l'espace d'une année, donner naissance à neuf générations de femelles, qui toutes se multiplient sans nouvel accouplement. Les pucerons se fixent sur les feuilles et les jeunes tiges des végétaux, dans lesquelles ils enfoncent leur bec pointu pour sucer la séve, et l'afflux de celle-ci détermine les boursouflures et les excroissances que l'on remarque sur le pêcher, les pruniers, les groseillers, les pommiers, les ormes, les tilleuls, etc. — On remarque à l'extrémité du corps de ces petits insectes deux cornes : ce sont des tuyaux creux d'où suinte une liqueur sucrée dont les fourmis sont très-friandes ; c'est ce qui explique la présence d'un grand nombre de ces insectes sur tous les arbres où se trouvent rassemblés des pucerons et, loin de les dévorer, comme le pensent beaucoup d'entre vous, elles prennent le plus grand soin de ne pas leur faire de mal. La nature a cependant suscité des ennemis à ces petits insectes pour limiter leur multiplication : telles sont les coccinelles ou *bêtes à bon Dieu*, dont les larves vivent exclusivement de pucerons et les vers d'une mouche que l'on appelle *syrphe*. C'est surtout le pommier qui a à souffrir des attaques des pucerons ; ceux-ci sont d'une espèce particulière, reconnaissables au duvet blanc qui les recouvre, et qui leur a fait donner le nom de *puc. rons laineux*. Le meilleur moyen de débarrasser les arbres de leurs ennemis est de laver les branches et toutes les parties attaquées avec un lait de chaux ou une solution de sulfure de chaux.

Une foule d'autres insectes se rendent très-nuisibles aux arbres fruitiers en déposant directement leurs œufs dans les fruits, ce qui les rend, comme on dit vulgairement, véreux. Malheureusement, c'est là un mal sans remède ; tout ce que l'on peut faire, c'est de ramasser les fruits tombés et de détruire le ver qu'ils renferment.

Les *forficules* ou *perce-oreilles* sont des insectes voraces, qui font beaucoup de tort aux fruits de nos jardins

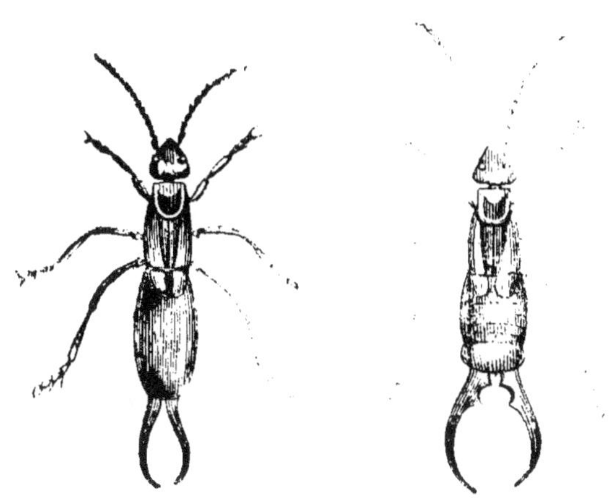

Forficule mâle et femelle.

et surtout aux raisins ; ils s'attaquent aussi à quelques fleurs et principalement aux œillets, dont ils rongent le bouton avant son épanouissement. Ces insectes, bien reconnaissables aux petits étuis courts qui recouvrent leurs ailes repliées dessous, et surtout à la pince qui termine leur corps, sont très-communs dans les lieux frais et humides ; ils se rassemblent souvent en troupe sous les pierres et les écorces des arbres, et il est ainsi facile de les trouver et de les détruire. Quant à l'accusation généralement portée contre eux de s'introduire dans les oreilles et d'y causer de graves désordres, elle est complétement dénuée de fondement ; car non-seulement le conduit de l'oreille est fermé par une membrane épaisse, le tympan, mais il est encore tapissé d'une matière épaisse qui s'opposerait à leur tentative.

Il me reste à vous parler maintenant de deux insectes éminemment nuisibles, mais que je n'ai rangés dans aucune des catégories précédentes, parce qu'ils font également tort à toute espèce de culture. Le premier est le *hanneton*, dont je ne vous ferai pas la description, car il vous est malheureusement trop connu ; mais je vous donnerai sur ses mœurs quelques détails qui vous serviront à combattre ses ravages. C'est en avril ou en mai que paraît l'insecte parfait ; il pond de 20 à 30 œufs, qu'il dépose à six pouces (15 centimètres) environ de profondeur dans un sol sec et meuble. Les vers éclosent au bout de cinq ou six semaines ; ils restent ensemble jusqu'au deuxième été, époque à laquelle ils se séparent et tirent chacun de son côté. Dès lors, on s'aperçoit de leurs ravages sur les racines des jeunes plantes. Ils s'enfoncent davantage en terre pour y passer l'hiver, et se rapprochent au printemps de la surface du sol. A la fin du quatrième été seulement la larve a acquis tout son développement ; elle descend alors à trois ou quatre pieds de profondeur pour s'y transformer en nymphe, et ce n'est qu'au printemps suivant qu'elle se change en hanneton. Ces insectes mettent donc quatre ans à se développer complétement ; ce qui explique pourquoi on les voit apparaître en plus grande quantité tous les trois à quatre ans ; en effet, dans une année où il y aura beaucoup de hannetons, ces insectes pondront une plus grande quantité d'œufs, qui, quatre ans après, produiront également un plus grand nombre de hannetons. Ces insectes se montrent certaines années en quantité tellement considérable, que les jardins et les bois sont dépouillés de leur verdure. Affamés alors par leurs propres ravages, ils se réunissent comme les sauterelles d'Afrique en nombreuses légions, et se transportent à des distances plus ou moins considérables pour trouver une nouvelle pâture. — C'est ainsi que j'ai vu, il y a quelques années, des nuées de hannetons s'abattre sur les vignes des environs de Mâcon et y causer de grands ravages. Il y en avait tant, que des enfants, à qui l'on donnait trois sous par boisseau de ces insectes, en ramassèrent plus de quinze mille en quelques jours. — Mais, quelque considérables que soient les ravages des hannetons dans leur état parfait, ils ne peuvent être comparés à ceux que commettent leurs larves ; celles-ci dévastent les jardins maraîchers, font périr sur pied les récoltes de blé, d'avoine, de luzerne, etc., dévorent les racines des arbres et causent en un mot des dommages incalculables. — Le seul moyen d'arrêter leur multiplication est de leur faire une chasse active et de les détruire partout où on les rencontre. Le meilleur temps pour cette chasse est le matin, parce qu'ils sont encore engourdis par le froid de la nuit et la rosée du matin, et qu'ils tombent à terre sans prendre leur vol dès que l'on secoue l'arbre sur lequel ils sont réfugiés. — Quant aux larves, on peut en détruire un assez grand nombre en faisant suivre la

charrue quand on ouvre les sillons d'un troupeau de canards ou de dindons qui sont très-avides de ces vers et
n'en laissent pas échapper un seul.

La *courtilière* compte également parmi les insectes les
plus nuisibles aux cultures ; on lui donne vulgairement le
nom de *taupe-grillon*, à cause de sa double ressemblance
avec ces animaux. Cet insecte singulier a en effet les formes générales du grillon, mais ses pattes de devant, larges, aplaties, dentées et tranchantes en dedans, rappellent
les pieds antérieurs de la taupe et lui servent comme à elle
de mains pour fouir la terre. — La femelle se creuse, en

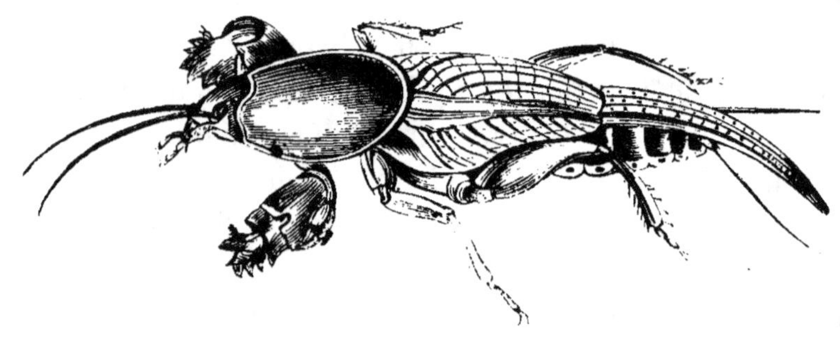

Courtilière (taupe-grillon).

juin ou en juillet, à la profondeur de 15 à 20 centimètres,
une cavité souterraine, arrondie en forme de bouteille, où
elle dépose de deux à quatre centaines d'œufs. Ses petits
vivent quelque temps en société, puis s'éparpillent de tous
côtés, creusant la terre à l'aide de leurs pieds antérieurs,
qui agissent comme une scie et comme une pelle, coupant
ou détachant les racines des plantes, moins pour s'en
nourrir que pour se faire un passage, car ils vivent principalement de vers et d'insectes. — La courtilière fait le
désespoir des jardiniers et des agriculteurs ; elle dévaste
les semis et les plantations de légumes, et pullule dans
les champs, surtout dans les terrains meubles. On emploie
plusieurs procédés pour détruire ces insectes nuisibles.

Lorsqu'on découvre leurs trous, on se contente d'y jeter de l'eau avec un peu d'huile qui surnage. Dès qu'il se sent inondé, l'insecte remonte et traverse la couche d'huile qui, bouchant les orifices des voies respiratoires, le fait périr sur-le-champ. — On peut aussi, vers l'automne, enterrer de distance en distance des petits tas de fumier chaud dans lesquels les courtilières vont aussitôt se loger. Lorsque les premières gelées se font sentir, on les y retrouve engourdies. — Les jardiniers des environs de Paris emploient un moyen par lequel ils réussissent à en détruire un assez grand nombre. Quand ils reconnaissent qu'une plate-bande contient beaucoup de taupes-grillons, ils la bordent de planches posées de champ et enfoncées d'un pouce; puis ils enterrent à chaque encoignure, un peu au-dessous du niveau du sol, un vase à fleur à moitié rempli d'eau, et ils arrosent la terre le long des planches. On sait que ces insectes sortent surtout la nuit pour courir sur la terre. Les planches les empêchant de passer, ils les suivent tout au long et, arrivés aux encoignures, ils tombent dans les vases et se noient. Quant à ceux qui infestent les champs, il est presque impossible de les détruire.

Voilà pour nos champs, nos jardins, nos vergers; mais les bois et les forêts ont bien plus à souffrir encore des ravages des insectes. Tantôt des myriades de chenilles dépouillent des bois, des forêts entières de leurs feuilles; tantôt des nuées de petits insectes, tels que les scolytes, les bostriches, rongent l'écorce des arbres et les font périr par milliers, longtemps avant qu'ils aient atteint tout leur développement. En voyant tant de races ennemies et l'extrême fécondité de chacune d'elles, il semble qu'elles doivent fatalement finir par nous accabler; mais, indépendamment des moyens qui sont en notre pouvoir pour combattre ces êtres malfaisants, les lois de la nature ont établi un équilibre qui s'oppose à l'envahissement d'une race aux dépens des autres. De ces myriades de chenilles, un petit nombre seulement se transformeront en papillons ; la plus grande partie sera dévorée par les oiseaux ou deviendra la proie des insectes carnassiers, espèces bienfaisantes à l'homme, qui, loin de les éloigner ou de les détruire, doit, au contraire, les protéger et les multiplier par tous les moyens en son pouvoir. L'oiseau, je vous l'ai déjà dit, est notre plus précieux auxiliaire ; efforçons-nous donc de nous l'attacher, car nous avons plus besoin de lui qu'il n'a besoin de nous. Que de pertes nous avons déjà subies pour avoir méconnu cette vérité !

FIN.

TABLE DES MATIÈRES.

TABLE ALPHABÉTIQUE

Des animaux mentionés dans ce volume.

BIBLIOTHÈQUE DES CAMPAGNES

Publiée sous le patronage de Son Exc. M. le Ministre de l'Instruction publique et des Cultes.

« Je m'empresse d'appeler également l'intérêt de Votre Majesté sur la
« création des Bibliothèques destinées aux instituteurs et à leurs élèves.
« On songe sérieusement depuis quelque temps à l'institution de Biblio-
« thèques communales ; mais cette grande et utile mesure, dont le succès
« est si désirable, peut encore rencontrer des obstacles ou des ajourne-
« ments à cause de son étendue, de ses dépenses et de son organisation
« assez compliquée. J'ai donc cru, pour ce qui me concerne, agir sagement
« en me bornant, quant à présent, à la fondation d'une bibliothèque
« dite : *Bibliothèque des Campagnes*, et spécialement consacrée aux
« instituteurs. L'œuvre est commencée, et plusieurs volumes ont déjà
« paru. Ils ont pour but de répandre dans nos communes rurales les
« notions les plus essentielles de la géographie, de l'histoire, de l'agri-
« culture pratique et de l'hygiène ; ils tendent aussi à faire connaître
« sous leur vrai jour les événements du pays, et à populariser en France
« le dévouement et les services de la dynastie impériale. »

*(Extrait du rapport adressé à l'Empereur par Son Exc. le Ministre
de l'instruction publique le 25 juillet 1861.)*

PREMIÈRE SÉRIE.

LES VICTOIRES DE L'EMPIRE.

CAMPAGNES D'ITALIE, — D'ÉGYPTE,

D'AUTRICHE, — DE RUSSIE, — DE FRANCE — ET DE CRIMÉE

PAR

M. EUGÈNE LOUDUN.

Un beau volume de 300 pages, papier glacé.

Prix, broché ou cartonné, 1 fr. 50.

Retracer l'épopée impériale, tant dans la période qui commence ce siècle que dans
la période contemporaine : suivre, sous Napoléon Ier et sous Napoléon III, le pas vainqueur de nos armées ; élever les âmes et retremper les vertus viriles au spectacle de
ces grandes choses : tel est le but de ce livre, dans lequel on s'est appliqué à mettre en
relief et à représenter les épisodes les plus dramatiques, à rapporter les mots
sublimes et les traits de courage les plus saisissants. Cependant les mouvements des
armées, les plans de campagnes, les opérations militaires, y sont exposés avec la plus
scrupuleuse exactitude.

Ce livre sera donc lu et compris par tout le monde ; chacun y trouvera de beaux
modèles et de nobles exemples.

DICTIONNAIRE USUEL
D'HISTOIRE ET DE GÉOGRAPHIE

Publié par M. Ch. LOUANDRE.

Un fort vol. in-18 de 500 pages, sur deux colonnes, papier glacé et satiné.

DEUXIÈME ÉDITION REVUE ET AUGMENTÉE D'UN SUPPLÉMENT.

Prix, cartonné ou broché, 4 fr.

Facile à consulter, abondant en indications de toutes sortes, mais précis dans la forme, concis sans obscurité, ce Dictionnaire donne, comme on le ferait dans la conversation, sur les diverses spécialités dont il traite, une réponse qui se grave tout à la fois dans la mémoire par la définition et l'analyse.

Outre l'histoire et la géographie, ce volume contient encore de très-nombreux articles biographiques et quelques notions d'archéologie et de philologie.

OEUVRES DE NAPOLÉON III

MÉLANGES.

Un vol. in-18 anglais. — Prix, 1 fr. 50.

Les fragments réunis ici sont détachés des divers écrits dont se compose l'édition en quatre volumes des OEuvres de Napoléon III. Cette édition ne pouvait prendre place dans de modestes bibliothèques; nous avons essayé d'y faire un choix, de manière à former un volume qui, en restant à la portée de tous, permit cependant au lecteur de concevoir une idée générale de l'œuvre. Il importait surtout de montrer l'auguste auteur dans celles de ses œuvres qui ont précédé son avénement et l'ont, pour ainsi dire, préparé, soit que, de l'exil, il propage les idées napoléoniennes, qu'il éclaire et les popularise; soit qu'au fond de sa prison il médite sur la puissance des armes de guerre et sur les secrets de la victoire; soit qu'en présence de la nation, la fasse juge de ses sentiments, de ses luttes, de ses résolutions, et qu'enfin, il la conquière, dans un magnifique élan, au programme du nouvel Empire.

Telle était la tâche que nous nous étions proposée, et que nous voudrions avoir utilement remplie.

(Avertissement des éditeurs.)

DICTIONNAIRE USUEL DES SCIENCES.

Publié par Ch. Louandre,

Rédacteur en chef du *Journal général de l'Instruction publique.*

SYSTÈME DU MONDE. — ASTRONOMIE. — MÉTÉOROLOGIE.
— GÉOLOGIE. — MINÉRALOGIE. — PHYSIQUE DU GLOBE — HISTOIRE
NATURELLE. — ANATOMIE. — BOTANIQUE. — AGRICULTURE.
— PHYSIQUE ET CHIMIE.

1 fort vol. in-18 sur 2 colonnes, avec gravures dans le texte.

Prix, broché ou cartonné, 4 francs.

SOUVENIRS DU PREMIER EMPIRE

PUBLIÉS

Par M. KERMOYSAN.

Un beau Vol. in-18. — Prix, broché ou cartonné, **1 fr. 50.**

Un vif intérêt s'attache à cet ouvrage. En effet, il s'agit moins ici d'une nouvelle biographie ou de jugements nouveaux à porter sur l'empereur que de le faire connaître par le témoignage de ceux qui l'ont approché et qui ont vécu à ses côtés. C'est ainsi que ces souvenirs nous le montrent loin des champs de bataille, entouré de sa famille, de ses ministres, encourageant les arts, discutant les articles de ses Codes immortels, ou présidant à l'exécution d'immenses travaux d'utilité publique qui furent entrepris sous son règne.

Cet ouvrage donne ainsi une idée exacte de tout ce qui a été écrit de plus curieux et de véritablement digne d'intérêt sur l'époque impériale.

ENTRETIENS SUR L'HYGIÈNE

A l'usage des Campagnes

Par M. le Docteur DESCIEUX.

Un beau volume in-18. Prix, broché ou cartonné, **1 fr. 25 c.**

L'INDUSTRIE MODERNE

RÉCITS FAMILIERS

PRÉCÉDÉS

D'UNE ÉTUDE SUR LES EXPOSITIONS INDUSTRIELLES.

Par Louis Fortoul.

L'IMPRIMERIE. — LA PAPETERIE. — LE VERRE. — LE BOIS.
— L'ARGILE. — LE SEL. — LES INSTRUMENTS DE MUSIQUE. — LES CUIRS
ET LES PEAUX. — LE SUCRE.

Un beau volume in-18 jésus, avec vignettes dans le texte.

Prix, broché ou cartonné, 1 fr. 50.

LES PÈRES DE L'ÉGLISE

CHOIX DE LECTURES MORALES

Approuvé par S. E. le Cardinal-Archevêque de Paris.

Précédé d'une introduction et accompagné de notes

Par M. E. LOUDUN.

PRIX, FRANCO, BROCHÉ OU CARTONNÉ, 1 FR. 50.

On ne saurait demander un traité de morale à des sources plus pures et plus élevées, à des écrivains d'une plus grande éloquence et d'une plus haute autorité. Inutile d'insister sur la haute portée des écrits des Pères de l'Église; tout ce que nous pouvons dire, à titre de simple indication, c'est que l'auteur de cette publication a rassemblé dans son volume cent vingt-deux extraits de ces écrits, relatifs à autant de sujets divers, et dus à saint Clément d'Alexandrie, Tertullien, Origène, Lactance, saint Basile, saint Ephrem, saint Grégoire de Nazianze, saint Ambroise, saint Jean-Chrysostome, saint Jérôme, saint Augustin, etc., etc.

COURS D'AGRICULTURE PRATIQUE

PUBLIÉ SOUS LA DIRECTION

De M. YSABEAU,

Agronome, ancien professeur d'histoire naturelle.

4 volumes grand in-18 jésus,

Accompagnés de nombreuses figures dans le texte.

Prix, franco : 6 fr.

Nous indiquons ici les principales divisions de cet ouvrage :

PREMIÈRES CONNAISSANCES AGRICOLES.
1 Introduction.
2 Connaissance des terres cultivables.
3 Amendements. — Engrais.
4 Défrichements. — Irrigations et Drainage.
5 Instruments agricoles. — Labours, semailles, fenaison et moissons.

DES VÉGÉTAUX CULTIVÉS...
6 Plantes alimentaires.
7 Plantes fourragères.
8 Plantes industrielles.
9 La vigne et les arbres fruitiers.

DES ANIMAUX DOMESTIQUES.
10 Animaux domestiques.
11 Animaux de basse-cour.

ÉCONOMIE RURALE........
12 Abeilles, vers à soie, pisciculture.
13 Économie rurale. — Comptabilité, etc.
14 Industries rattachées à l'agriculture.

LA BOTANIQUE AU VILLAGE,

Par M. S. Henry BERTHOUD.

Un vol. in-18. Prix, broché ou cartonné, 1 fr. 50 c.

*

CAHIERS-ESQUISSES

DE

DESSIN LINÉAIRE

PAR A. LE BÉALLE

MAITRE DES TRAVAUX GRAPHIQUES AU COLLÉGE ROLLIN, AUTEUR DU COURS THÉORIQUE
ET PRATIQUE DE DESSIN LINÉAIRE.

LA COLLECTION COMPREND HUIT CAHIERS, — 96 PLANCHES GRAVÉES,
— 400 FIGURES TRACÉES, OMBRÉES OU ESQUISSÉES.

Le cent assorti, prix : 9 fr.

Une esquisse est l'ébauche, le premier tracé d'un dessin ; c'est sa partie la plus essentielle, puisqu'elle détermine les formes que les autres opérations ne font que modeler ; c'est en même temps la plus difficile et la plus aride, car son exactitude et sa pureté dépendent de la précision du coup d'œil, de la sûreté de la main, qualités qui ne s'acquièrent que par une longue pratique, par l'exécution de nombreux exercices qui n'ont rien d'attrayant.

Il faut cependant commencer l'étude du dessin par celle de l'esquisse ; il faut passer par ces exercices, d'autant plus arides qu'ils doivent être exécutés par des élèves dont la raison n'est pas formée, dont l'intelligence ne sent pas l'utilité des études préparatoires.

Nos Cahiers-Esquisses comprennent trois sortes d'Exercices :

1er EXERCICE. — Esquisser au crayon et terminer à la plume les figures ou parties qui ne sont indiquées que par des points de repère.

2e EXERCICE. — Repasser et terminer à la plume les parties esquissées.

3e EXERCICE. — Repasser à la plume les parties entièrement terminées.

Nous n'essayerons pas ici de démontrer l'utilité de l'enseignement du dessin géométrique et du dessin d'imitation dans les écoles, l'importance en est unanimement appréciée ; et, s'il n'est pas généralement pratiqué, cela tient, croyons-nous, à l'insuffisance des moyens. Les CAHIERS-ESQUISSES lèveront cet obstacle et contribueront, nous l'espérons, à la prospérité de l'une des branches les plus importantes de l'éducation populaire.

CARTES DES DÉPARTEMENTS DE LA FRANCE

DESTINÉES

Au premier enseignement de la Géographie,

ACCOMPAGNÉES

D'UN TEXTE EN REGARD,

Indiquant les divisions physiques, historiques, administratives,
les produits naturels et industriels,
Et la liste alphabétique et par cantons des communes de chaque département.

Par A. LE BÉALLE,

PROFESSEUR AU COLLÉGE ROLLIN.

Chaque livraison forme un département complet et comprend :	1° Une Carte coloriée avec texte et liste des communes en regard. 2° Deux Cartes-Esquisses imprimées en teinte de crayon pour être repassée à la plume par les élèves.	PRIX : **20** Centimes.

Les Cartes-Esquisses se vendent séparément. — PRIX : **3** fr. le cent.

L'étude de la Géographie devrait commencer par la commune où l'école est située, a-t-on dit bien souvent. Nos Cartes départementales contribueront, nous l'espérons, à la réalisation de cette pensée, que partagent tous les hommes éminents en pédagogie. — Elles font commencer réellement par le commencement, par ce qu'il y a de plus simple et de plus facile, de plus agréable et de plus immédiatement utile. — Elles évitent l'étude préliminaire, aride et fastidieuse d'une longue suite de noms et de définitions que l'enfant comprend péniblement et apprend lentement, mais qu'il confond facilement et oublie vite. — Elles lui parlent de choses qu'il connaît, qu'il étudie avec plaisir, même la nomenclature enseignée au fur et à mesure, et facilement retenue, parce que chaque nouvelle définition a sur-le-champ son application intelligible pour lui.

Quoi de plus simple que le *mode d'enseignement à l'aide de ces Cartes*? Dans les premières leçons, le maître montre successivement à l'élève les positions de la commune qu'il habite, des communes voisines, de toutes celles qui composent le canton; il lui explique en même temps ce que c'est qu'une commune, un canton; il lui indique les quatre points cardinaux; il lui enseigne l'appréciation des distances sur la carte.

Du canton, l'enseignement passe à l'arrondissement ; de l'arrondissement au département, en ne portant que sur les localités importantes. Vient alors l'enseignement de la géographie physique : rivières, fleuves, montagnes, limites, etc., et enfin celle du texte qui accompagne la carte. — L'élève connaît alors les premières notions géographiques ; il a pris goût à cette étude, qu'il continuera fructueusement. De plus, chaque carte est accompagnée d'une carte-esquisse imprimée en teinte de crayon, pour être repassée à la plume, ce qui ajoute un attrait de plus à l'étude de la géographie physique.

EN VENTE : Cartes des départements de la **Savoie**, de la **Haute-Savoie**, de l'**Ain**, de l'**Aisne**, de l'**Allier**, des **Basses-Alpes**, des **Hautes-Alpes**, des **Alpes-Maritimes**, de l'**Ardèche**, des **Ardennes**, etc.

ABRÉGÉ DE GÉOGRAPHIE

A L'USAGE DES ÉCOLES PRIMAIRES

PAR M. HINZELIN.

Un vol. in-12, cart. — Prix : 50 centimes.

GÉOGRAPHIE ÉLÉMENTAIRE DES ÉCOLES, enseignée sur les cartes et sans livres à l'aide de questionnaires, *composée de sept cartes, par MM. Th. Lebrun*, ancien inspecteur de l'instruction primaire à Paris, et A. *Le Béalle*, professeur de travaux graphiques à Paris. 1 volume grand in-8º, cartonné.................................... 1 50

Le Livret du maître, exposé de la méthode et réponses aux questionnaires, in-18, broché.................................... » 60

Paris, imprimerie de Paul Dupont, rue de Grenelle-St-Honoré, 45.

www.ingramcontent.com/pod-product-compliance
Lightning Source LLC
LaVergne TN
LVHW011936180726
843502LV00003B/811